풀꽃이 예뻐서 풀꽃을 그립니다

일러두기

* 책에 나오는 풀꽃은 아주 흔하고 어디서나 잘 자라고 많이 심어 기르는 식물이다.
  81종은 작가가 사적인 기준으로 골랐다. 도감이나 과학책에서 쓰지 않는 '예쁘다,
  좋아한다'는 표현을 맘껏 했다. 심지어 귀엽다고 소개한 풀도 있다. 식물을 만났던
  소소한 추억도 적었다. 작가의 삶 안으로 들어온 식물들이기 때문이다.

* 식물 정보는 국가생물종지식정보시스템(http://www.nature.go.kr/)과 <화살표
  식물도감> 등 단행본과 전문도감의 도움을 받았다.

* 잡초는 변이도 많고 환경에 따라 크기도 다양해서 종 확인이 쉽지 않은 경우도
  있었다. 과학적으로 틀린 것이 없길 바라며, 여러 번 취재하고 본 대로 그렸다는
  것을 밝혀 둔다. 주된 취재처는 대한민국 서울 양천구 일대이며, 여름 물풀은 상암동
  월드컵공원과 여러 생태 공원에서 보았다.

따라 그리고 싶은 생태 화가의 식물도감

풀꽃이 예뻐서
풀꽃을 그립니다

글 · 그림 안경자

웃는돌고래

가
을

사람들이 관심을 안 주어도 풀꽃은 핀다.
이 책의 풀꽃 그림을 2년 여 동안 그렸다.
코로나19 대유행과 겹치는 시간이었다.
앞으로의 세계가 어떻게 펼쳐질지 모르는 미래에 대한 불안감.
그래도 산책길의 풀꽃은 예쁘게 피어 있었다.
코로나로 혼자 하는 산책길에 풀을 더 자세히 보게 된다.
산책길에 늘 있어 주니 위로가 된다.

처음 풀 그림을 그릴 때에는 풀을 찾아 바라보면 너무 예뻤다.
풀을 보러 가고 싶고, 빨리 그리고 싶었다.
지금도 물론 예쁘지만 그때는 큰 의미를 부여했던 거 같다.
지금은 콩깍지가 벗겨졌나 보다.
소박하면 소박한 대로 모자라면 모자란 대로 그 존재로 보인다.
풀꽃은 풀꽃. 자연스럽고 소박한 매력 그대로 좋다.

식물을 어디 가서 취재하느냐는 질문을 많이 받는데
문을 열고 나서면 언제나 풀과 나무가 있다.
이번 책은 더욱 가까이에서 본 풀을 그렸다.
동네 산책길에서 만난 풀꽃이다.
어떻게 그리느냐는 질문도 많이 받는다.
그리기 전에 이름을 불러 본다.
냉이, 꽃다지, 봄맞이, 꽃마리, 제비꽃 등등.
그런 뒤 자세히 살펴본다.
전체 크기, 줄기 방향, 잎 모양, 꽃 색깔과 꽃차례 등등.
다른 식물과 비교하면서 본다.
아는 만큼 보인다고 했다.

그림도 아는 만큼 그려진다.
잘 알아야만 잘 그릴 수 있다고 생각한다.

사람에게 저마다 인상이 있듯이 풀마다 풀상(?!)이 있다.
풀상은 생김새와 색에서 느껴진다.
그 느낌을 표현하려고 나는 노력한다.
어떤 풀은 예쁘긴 한데 막상 그리려고 하면 힘들게 하는 풀이 있고
그리다 보면 그릴 맛이 나는 풀도 있다.
《풀꽃이 예뻐서 풀꽃을 그립니다》에는 들여다볼수록
나에게 예쁜 풀상을 보여 주는 풀을 담았다.

봄이 되자 동네 작은 풀들이 살랑거린다.
화단에 심어 기르는 풀들 사이에 작은 풀들이 무심하게 올라온다.
풀은 하나만 보면 화려하지 않다. 여럿이 모여 있으면 아름답다.
나는 모여 자라는 풀들을 좋아한다. 풀 따라 마음이 살랑댄다.
그런데 아파트 화단 잡초들이 무성해질 때면 제초 작업을 한다.
군인 아저씨 머리처럼 짧게 깎아 버린다. 허전하다.
며칠이 지나자 풀들이 뾰족뾰족 올라온다.
잘려진 풀과 비슷한 것이 올라온다. 또 다른 풀들도 보인다.
어느샌가 화단의 풀들은 또 다른 모습으로 무성해질 것이다.
풀은 예쁘고 또한 힘이 세다.

풀꽃 그림을 함께 그릴 날을 그리며,
2022년 5월 안경자

겨울

겨울에 예쁜 꽃을 볼 수 있다고 엄마가 화분에 꺾꽂이해서 주셨다.
꽃봉오리가 올라와 있었다. 꽃이 곱고 예쁘니까
잘 키워라 당부하셨다.
베란다에 들여놓고 정성껏 물을 주었다.
일주일 정도 지나니 꽃 하나가 피어났다.
12월 내내 꽃이 피고 지고 했다. 이쁘다.
내년 겨울에는 더 풍성한 꽃을 볼 거 같다.
잘 자라 다오. _ 2020. 12.

▶ **가재발선인장**
잎의 톱니가 뾰족뾰족하다.
희고 큰 꽃을 피운다.

▶ **게발선인장**
잎의 톱니가 둥글다. 진분홍 꽃이 핀다.
잎을 땅에 꽂아 두어도 뿌리를 잘 내린다.

새해가 밝았다.

코로나로 모두가 힘든 시기를 보냈으나

코로나는 끝날 기미가 보이지 않는다.

언제 마스크를 벗을 날이 올지.

막막한 요즘이다.

새해 첫 주, 남편과 아침 일찍 꽃시장으로 갔다.

주말이라 그런지

꽃시장은 닫혀 있고

지하 쪽만 열려 있어서

그곳에서 꽃구경을 했다.

보라색 튤립, 노란 프리지아가

눈에 쏙 들어온다.

튤립과 프리지아를 사 들고 집으로 향했다.

겨울의 짧은 꽃 나들이.

_ 2021. 01.

코로나에도 조심스럽게 그림 그리는 모임을 시작했다.
동네 서점 '꽃피는책'에서 진행한 '산책 드로잉'.
모이기 어려운 경우도 생겼지만 2년 동안 꾸준히 만나고 그렸다.
모임을 끝낸 늦가을에 꽃피는책에서 예쁜 사랑초를 발견했다.
나와 같은 분이 또 계셨다.
동시에 사랑초에 마음을 뺏겼다.
서점 사장님이 현명하게
포기를 나누어서
화분 두 개를 만들어 주었다.
봄이 되면
나누어 심어야겠다.
봄을 기다린다.

_ 2021. 11.

구근

 사랑초

잎 모양도 꽃 모양도
괭이밥을 확대해 놓은 것처럼 생겼다.
하트 모양 잎이 돋보여 사랑초라 부른다.
씨앗이나 구근으로 심어 기른다.

2월 말, 꽃샘추위로 아직 쌀쌀하지만 따뜻한 햇볕이 창가에 가득하다.
겨우내 화분을 방치해 놓았는데 봄기운에 기지개를 켜고 베란다를 정리했다.
밑동을 잘라 뿌리째 심어 놓았던 파들이 푸른빛을 머금고 올라온다. 더덕도 있다.
한 달 전 싹을 살려 뿌리를 잘라 흙에 파묻었더니 덩굴이 제법 올라왔다.
덩굴지는 더덕은 지지대를 세워 줬다.
웃자란 가지도 치고 화분 자리도 옮겨 준다.
식물들이 생기가 돈다.

정리하고 나니 빈 화분이 서너 개 나왔다. 화원에 가야겠다.
꽃 가게엔 꽃뿐만 아니라 작물 모종도 많다.
고추, 상추, 여러 허브들. 실내에서 식물을 키우려면
씨앗보다 모종을 심는 것이 훨씬 수월하다. 예쁜 풀꽃을 보며 화원으로 간다.
동네 풀꽃도 베란다의 식물도 잘 자랄 것이다. 봄이 왔다. _ 2022. 02.

봄

향모

좁쌀냉이

딸기

봄맞이

꿩의밥

종지나물

제비꽃

흰제비꽃

돌나물

별꽃

애기똥풀

뿌리뱅이

꽃마리

광대나물

주름잎

뱀딸기

벼룩이자리

쇠별꽃

봄맞이

높이
5~10cm.
꽃대가 곧게 자라고
위쪽 꽃줄기가
4~10개까지 모여난다.

꽃
4월.
꽃줄기 끝에 흰 꽃이
한 송이씩 달린다.
앵초과.
한두해살이풀.

작고 하얀 꽃이 봄을 속삭이듯 살랑살랑거린다.
봄의 중간쯤 잔디밭에 연둣빛이 채워져 갈 즈음 하얀 꽃이 하나하나 보인다.
꽃 모양이 심플하다. 흰 꽃을 본 아이들이 그런다.
"잔디 꽃 참 이쁘다." 꽃을 알아본 마음이 예뻐 묻지도 않는데 알려 주었다.
"봄맞이꽃이야."

❶ 꽃

흰색 꽃잎은 깊게 갈라져 5장으로 보인다.
꽃잎 아래에 끝이 뾰족한 꽃받침도 보인다.
꽃 안쪽은 노란빛을 띤다.

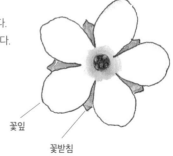

꽃잎

꽃받침

잎몸

잎자루

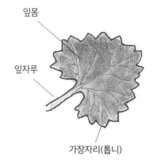

가장자리(톱니)

❷ 잎

뿌리잎 10~30개가 뭉쳐난다.
땅 가까이에 퍼져 나서 풀숲에 있으면 잘 보이지 않는다.
잎몸의 지름은 약 1cm, 잎자루 길이는 1~2cm다.
가장자리의 톱니가 둔하다.

❸ 꽃대

꽃대 하나에 4~10개의 꽃이 하늘을 보고 핀다.
꽃대 길이는 5~10cm, 꽃자루는 길이 1~4cm다.
우산살 모양 꽃차례이며
꽃차례 아래쪽에 작은 잎이 모여나 있다.

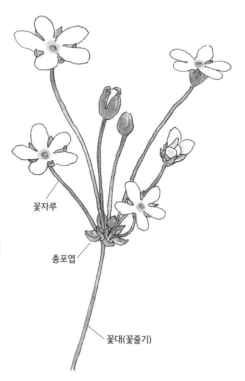

꽃자루

총포엽

꽃대(꽃줄기)

복삽하게 뭉쳐나는 뿌리잎 위로
가느다란 꽃대의 단순한 선을 잘 구성하면서
전초를 그려 준다.
색을 관찰해 보면 붉은 톤이 많다.
잎과 줄기의 풀색에 붉은빛을 더해 주면
풍부하게 느껴진다.

15

꽃마리

높이

10~30cm.
줄기 끝이 말려 있다가
풀리면서
낭창낭창 휘어져
자란다.

꽃

4월.
꽃줄기에 파란 꽃이
순서대로 피었다 진다.
지치과.
두해살이풀.

길에서 만나면 키가 작아 잘 안 보인다.
다른 풀 사이에 있으면 모르고
지나치기 쉽다. 앙증맞은 꽃.
자세히 살펴보면 무척 예쁘다.
파란빛이 아름답다.
줄기 윗부분이 돌돌 말려 있다가 서서히 펴지면서
차례로 꽃이 피는 모습이
꽃마리 이름과 잘 어울린다.

16

❶ 꽃

통꽃인데 꽃잎이 5개로 깊게 갈라져
5장처럼 보인다.
꽃잎은 연한 하늘색이고
중심에 노란 돌기가 있다.

❷ 잎

잎몸이 달걀 모양이다. 길이 1~3cm, 폭 6~10mm.
가장자리 톱니는 없다.
뿌리에서 난 잎(뿌리잎)은 모여나고
줄기에 붙은 잎(줄기잎)은 어긋난다.
＊ 잎자루의 길이가 다른데,
　　뿌리잎은 잎자루가 길고
　　위로 올라갈수록 잎자루는 점점 짧아진다.

❸ 꽃차례

줄기는 아래쪽에서
가지를 많이 쳐서
여러 개 올라온다.

꽃봉오리

꽃받침

꽃이 진 자리

연한 하늘색과 노랑이
산뜻하게 어울린다.
꽃잎은 고운 주홍빛으로 시든다.
먼저 피었다가 시든 꽃, 피어 있는 꽃,
피려고 준비 중인 꽃을 그리면,
꽃의 역사도 한눈에 보여 주고 꽃의 색도 더 또렷해진다.

제비꽃

높이

10~15cm.
줄기는 따로 없고
가늘고 긴 꽃대가
뿌리잎 사이에서 난다.

꽃

4~5월.
보랏빛 꽃이
꽃대 끝에
한 송이씩 핀다.
제비꽃과.
여러해살이풀.

❷

❶

꽃대(화경)

*

서울제비꽃

바람이 차갑게 부는 쌀쌀한 봄날.

햇살은 따뜻하게 내리는 곳을 보면 제비꽃이 듬성듬성 보이기 시작한다.

보라색 제비꽃을 보면 왠지 쓸쓸해진다. 봄이 왔는데 아직 춥다.

꽃 모양이 제비를 닮았다고 하는데 꽃잎을 뜯어봐도 제비 닮은지 모르겠다.

제비꽃인 줄 알고 그렸는데 도감과 비교해 보니 서울제비꽃이다.

우리나라 곳곳 어디서나 잘 자라는 제비꽃이다.

보라색은 표현하기가 힘든 색 중에 하나다.
파랑 계열의 색을 붉은색과 섞어서 색을 만들어
다른 종이에 칠하면서 확인한다.
단번에 짙게 칠하기보다 연하게 여러 번 중첩했을 때 잘 표현된다.
제비꽃들은 꽃잎의 줄무늬가 잘 보인다.
줄무늬가 돋보이게 진하게 그려 주며 마무리한다.

❶ 꽃

꽃잎은 5장이고,
꽃잎 색보다 짙은 줄무늬가 있다.
꼬리 모양 꿀주머니가 있다.
제비꽃의 특징이다.
꽃줄기에 잔털이 눈에 띄게 보인다.

꿀주머니

❷ 잎

잎몸이 긴 달걀 모양이고
둔한 톱니가 있다.
잎자루에는 날개가 조금 있거나 없다.
＊ 뿌리에서 잎이 모여난다.
　　줄기는 따로 없고
　　꽃이 필 때 꽃대(화경)가 올라온다.

제비꽃을 좋아하는 사람이 많다. 부르는 이름도 많다. 오랑캐꽃, 장수꽃, 병아리꽃,
씨름꽃, 앉은뱅이꽃 등. 제비꽃은 이름만큼 종류도 많고 변종도 많다.
꽃잎이 5장인데 꽃잎 모양이 서로 다르다.
보는 각도에 따라 꽃 모양이 다르게 보인다.

호제비꽃

흰제비꽃

▲ 제비꽃 색
서울제비꽃, 제비꽃, 호제비꽃, 흰제비꽃 중
제비꽃 색이 가장 짙다.
꽃 전체가 흰빛을 띄는 제비꽃들도 많다.
꽃송이가 옆을 향해 피고 뒤쪽에 돌기 모양 꿀주머니가 있다.

제비꽃

▶ 제비꽃 잎
제비꽃의 잎몸이 폭이 더 좁다.
두 모양을 비교하면 구분이 되지만,
하나씩 볼 때는 종 확인이 쉽지 않다.
제비꽃은 잎자루 위쪽에만 날개가 있다.

날개

서울제비꽃   제비꽃

▼ 종지나물

포엽

잎몸이 둥근 종지 모양이다.
아래쪽은 심장꼴이며,
잎끝은 약간 뾰족하다.
가장자리에는
굵은 톱니가 있다.
잎자루가 길다.
잎자루에 날개가 없다.

꽃이 커서 관찰하기 좋다.
꽃잎 안쪽에 노란 털이 있고
줄무늬도 뚜렷하다.
제비꽃과의 특징이 잘 보인다.

4~5월, 살구꽃도 피고 벚꽃도 피고, 라일락도 피었다.
진분홍, 연분홍, 환한 보랏빛이 만발이다.
그 아래 싱그러운 흰색에 자줏빛을 머금은 꽃이 있다.
종지나물이다. 넓은 잎 모양을 보고 이름 지었다.
동네 길가 햇빛이 잘 드는 곳마다 종지나물 꽃이 그득하다.
해마다 늘어나는 것 같다.
제비꽃과 같은 무리인데 꽃이 좀 더 크고 색이 밝다.
관상용으로 들여와서 미국제비꽃이라고도 한다.

꿩의밥

높이
10~30cm.
줄기는 따로 없고
꽃대 여러 개가
뿌리잎 사이에서
올라온다.

꽃
4~5월.
꽃줄기 끝에 여러 송이가
둥글게 모여 달린다.
골풀과.
여러해살이풀.

4월 산소에 성묘 가면 잔디 사이사이에 짙은 갈색 열매가 달린 풀이 보인다.
꿩의밥이다. 멀리서 보면 까만 점박이가 산소에 엎혀 있는 것처럼 보인다.
엄마는 징글징글하다 하시며 뿌리째 뽑아낸다. 빨리 없애지 않으면 씨앗이 떨어져
아버지 묘가 거뭇거뭇 꿩의밥투성이가 되는 게 싫으신 게다.
까만 씨앗을 꿩이 잘 먹는다고 이름 붙여졌다고 한다.

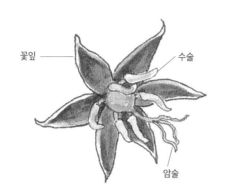

❶ 꽃

꽃잎은 6장,
붉은빛 도는 밤색인데
가장자리가 희다.
수술은 6개,
끝에 노란 꽃밥이 붙어 있다.
암술머리는 수술보다 길고,
끝이 세 갈래로 갈라져 있다.
꽃이 열매처럼 검은빛이라서
꽃인줄 모르고 보는 경우가 많다.

여러 송이가 빽빽하게 모여 피어서
꽃 모양을 알기 어렵다.
그리기 전에 꽃 하나의 모양을 먼저 살펴보는 게 좋다.
형태가 재밌고 들여다볼수록 멋스럽다.
꿩의밥은 우리나라에서 가장 흔하게 자라는 골풀과 풀이다.
전초가 잘 보이도록 한 줄기만 그렸는데 여러 대가 모여난다.

❷ 잎

가늘고 긴 잎이
뿌리 쪽에서 모여난다.
길이 7~15cm, 폭 2~6mm.
잎끝이 단단하다.
* 꽃줄기에 두세 개의 잎이 어긋나고,
   꽃차례 바로 아래에도
   짧은 잎이 있다.
   대부분의 잎은 뿌리잎이다.

꽃차례

향모

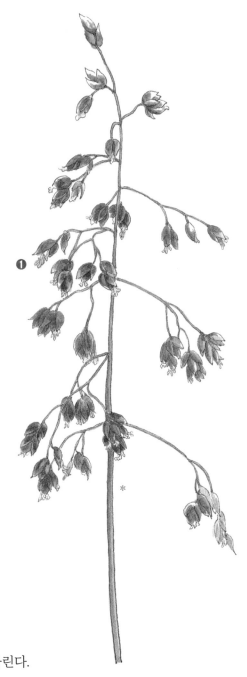

높이
___
20~40cm.
줄기는 곧게 자라고
위쪽에 꽃이삭이 달린다.

꽃
___
4~5월.
꽃줄기 끝에
성글게 달린다.
볏과.
여러해살이풀.

가까이 가면 향기가 난다.
잎과 뿌리에서 나는 향이다.
무릎 높이까지 자라고
동네 잔디밭에서
무리지어 올라온다.
꽃이 납작한 달걀 모양이며
얇은 투명막으로 싸여 있어서
이삭이 바람에 흔들리면
햇살 아래 반짝반짝 빛이 난다.
조용한 날에는 사락사락 소리도 들린다.

❶ 꽃

볏과 식물은 수술, 암술이 보이면 꽃이 핀 것이다.
향모 꽃 1개의 길이는 약 5mm.
＊ 꽃이삭은 길이 4~10cm.
　　가느다란 가지들이 옆으로 뻗는다.
　　맨 아래쪽의 가지가 가장 길고
　　위로 갈수록 짧아진다.

❷ 잎과 뿌리

볏과 식물은 엽초가 줄기를 지탱한다.
잎자루 부분이 서로 둥글게 감싸며
위쪽으로 자라나는 것이다.
아래쪽 잎은 길이 10~30cm로
길게 자란다.
줄기에는 짧은 잎이 3~4장 달린다.

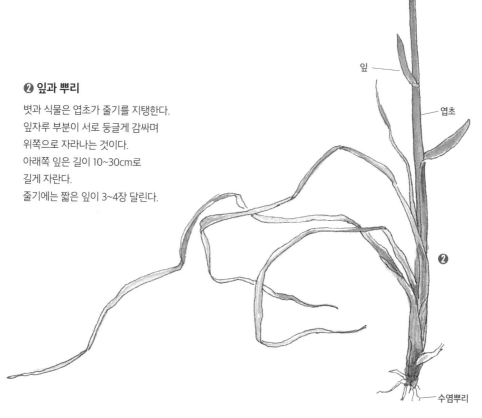

잎 —

엽초

❷

수염뿌리

볏과, 사초과, 골풀과처럼 잎이 긴 식물 그리기를 좋아한다.
형태도 재미있고 선을 긋는 재미가 있다.
긴 선을 그릴 때는 마음가짐을 가지런히 가다듬고,
숨을 멈추고 단박에 그린다.

돌나물

높이
_____
15cm.
줄기는 바닥을 기며
자라고,
꽃대가 곧게 자란다.

꽃
_____
5월.
꽃줄기 끝에
여러 송이가 달린다.
돌나물과.
여러해살이풀.

봄이 무르익은 날 동네 화단에
노란 꽃이 한바닥이다.
돌나물이 화단을 점령했다.
관상용으로도 그만이다.
왕성하게 줄기를 벋다가 줄기 끝에 꽃을 피운다.
돈나물이라고도 하는데,
이른 봄에 어린 잎줄기를 따서 초고추장에 무쳐 먹는다.
물김치로도 담가 먹는다. 봄철 입맛 없을 때 입맛을 돋운다.

26

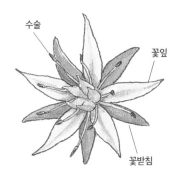

수술

꽃잎

꽃받침

❶ 꽃

풀빛이 도는 노란색이고
꽃잎은 5장이 분명하게 보인다.
풀색 꽃받침도 또렷하다.
꽃은 지름 6~10mm. 꽃대가 곧추 자라
그 끝에 여러 송이가 모여 달린다.
꽃자루는 없다. 꽃잎이 활짝 벌어져 있어
수술 10개도 잘 보인다.

❷ 잎

잎은 도톰하고 물기를 많이
머금은 색과 모양으로 다육식물의 특징이
잘 드러난다. 잎 하나는 길이 1~2cm로
3개씩 돌려난다. 가장자리가 매끈하고
잎자루 없이 줄기에 딱 붙어 있다.

❸ 줄기

줄기는 밑에서 가지가 갈라져서
땅 위를 기듯이 벋고
땅이 닿는 마디마다 뿌리가 내린다.

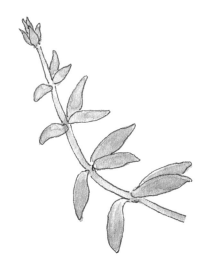

식물마다 줄기를 뻗어 가는 방식이 다른데,
기다가 위로 서거나 잎겨드랑이에서 가지를 내며 곧게 위로 뻗으면서 자란다.
복잡해 보일수록 기본 단위를 알고 그리기 시작한다.
잎과 잎 사이의 기본 단위를 그린 뒤 기본 단위를 붙여 가며 그리면 쉬워진다.
그리고 줄기마다 방향성이 있다. 봄의 풀 줄기는 한창 자라고 있는 중이다.
식물이 자라날 움직임의 방향을 생각하며 줄기 끝을 그려 마무리한다.

별꽃

높이

10~20cm.
줄기는 가지를
많이 치면서
자란다.

꽃

5월.
꽃줄기 끝에
여러 송이가 피어난다.
석죽과.
두해살이풀.

밤하늘 반짝반짝 빛나는 별,

봄날 풀밭 낮에 나온 하얀 별.

별꽃은 별이 빛을 내는 모양처럼 꽃잎이 갈라져 있다.

우리나라뿐 아니라 세계 어느 곳에서도 잘 자란다는 봄꽃이다.

봄에는 작고 흰 꽃을 자주 만나게 된다.

별 이름을 몰라도 밤하늘 별은 다 예쁘다.

풀 이름을 몰라도 하얀 별꽃 들은 다 예쁘다.

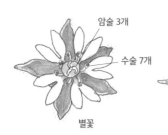

암술 3개

수술 7개

별꽃

암술 5개

수술 10개

쇠별꽃

❶ 꽃

꽃잎은 5장인데 두 갈래로 깊게 갈라져
10장처럼 보인다. 꽃받침조각이 5장이고,
꽃잎보다 길다.

❷ 잎

마주난다. 아래쪽 잎은 잎자루가 있으나
위쪽 잎은 없다. 가장자리는 밋밋하다.

❸ 줄기

마디에서 두 개씩 갈라지며 자란다.
뻣뻣하고 단단하다. 마디에서 뚝 잘 끊어진다.

▲ 쇠별꽃

쇠별꽃 잎은
별꽃보다 좀 더 크다.
키도 쇠별꽃이
크게 자란다.

작은 꽃들은 그림을 그릴 때 실제보다 조금 크게 그려 넣는다.
그래야 꽃도 보이고 보기도 좋다.
풀밭에서 보아도 밝은 흰빛 때문에 실제보다 커 보인다.

꽃

꽃

벼룩이자리와 점나도나물 꽃도
비슷하다. 같은 석죽과 풀이다.
꽃잎이 모두 흰색이고 다섯 장이다.
꽃잎 모양이 다르다.

▲ 큰점나도나물

▶ 벼룩이자리

주름잎

높이
5~20cm.
줄기가 곧게 자란다.

꽃
5~8월.
꽃줄기 끝에서
옆을 보며 핀다.
현삼과.
한해살이풀.

작아서 잘 안 보이다가 한번 눈에 띄고 나면
봄 길마다 반겨 준다.
길가, 밭둑, 습지, 공원 등 흔하게 자란다.
꽃이 입술 모양이고 키에 비해 큰 편이라 눈에 확 들어온다.
꽃잎의 독특한 생김새가 매력 있고,
색과 무늬도 다양해서 꽃 그리는 재미가 있다.
잎 가장자리가 주름이 진다.

❶ 꽃

흰색에 연한 자줏빛이 돌고, 길이 1cm 정도.
통꽃인데 입술 모양으로 크게 두 갈래로 갈라진다.
윗입술 잎은 짧고, 아랫입술 잎은 넓고
얇게 3갈래로 갈라진다.
아랫입술에 노란 무늬가 있다.

윗입술 꽃잎

아랫입술 꽃잎

❷ 잎

마주나기도 하고, 어긋나기도 한다.
잎밑이 길어져 잎자루까지 이어진다.
잎자루는 위로 갈수록 짧아진다.
가장자리에 굵은 톱니가 있다.

여러 줄기가 올라오거나 가지를 많이 치면 구조를 파악하기 어려운데,
주름잎은 한 줄기씩 올라와 전초가 한눈에 보인다.
잎은 복잡하지 않다. 잎의 생김새를 알았다면
그다음에는 잎이 줄기에 어떻게 연결되어 있는지를 살펴본다.
주름잎은 마주나는 잎도 있고 어긋나는 잎도 있다.
뿌리가 깊지 않아 채집도 쉬워서 식물의 구조를 공부하기 좋다.

광대나물

꽃 모양이 광대를 닮았다 해서
광대나물이다.
들이나 길가에서
따뜻한 햇볕을 받으며 자란다.
작은 꽃이 잎겨드랑이에서 모여난다.
돌아가면서 피는데 붉은 자줏빛 꽃이
쫑긋쫑긋 일어선다.
잎 모양도 재밌다.
둥근 잎이 층층 모양으로
줄기를 감싸며 달린다.

높이
10~30cm.
뿌리 쪽에서 줄기가
많이 갈라져 뭉쳐난다.

꽃
4~5월.
꽃줄기 끝에
둥글게 모여 핀다.
꿀풀과.
두해살이풀.

윗입술 꽃잎

아랫입술 꽃잎

❶ 꽃

꿀풀과 꽃답게 통꽃이며 통이 길다.
꽃부리 끝이 입술 모양으로 갈라진다.
윗입술은 살짝 굽어 있고,
아랫입술은 깊게 갈라진다.
꽃잎 겉면에 잔털이 보이고,
안쪽에는 짙은 점무늬가 있다.

❷ 잎

줄기 위쪽 잎은 잎자루가 없이
마주난 두 잎이 줄기를 완전히 감싸서
둥근 잎 한 장처럼 보인다.
가장자리에는 굵은 톱니가 있다.
✽ 아래쪽 잎은 잎자루가 길다.

❸ 열매

꽃받침에 싸여 있다.
익으면 4개로 갈라진다.

열매

잎

꽃이 층층이 모여 피고 잎은 잔주름 잡힌 것처럼 잎맥이 복잡하다.
그릴 때 손이 많이 가는 풀꽃은 그리기 전에 더 오래 들여다본다.

❹ 줄기

줄기는 네모지고
아래쪽에서 가지가 많이 갈라져 뭉쳐난다.
곧게 자라기도 하고 비스듬히 서기도 한다.

애기똥풀

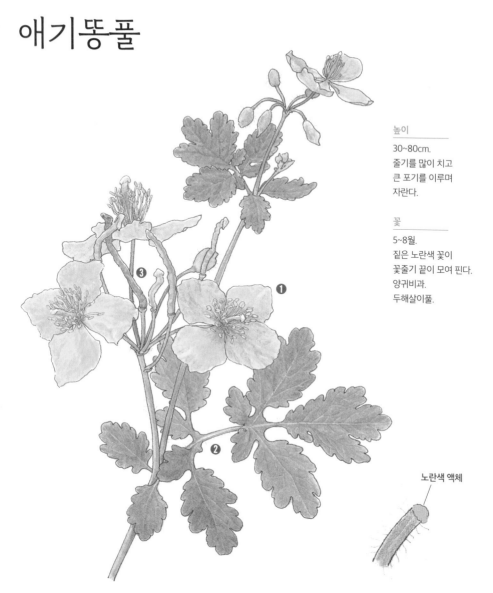

높이
30~80cm.
줄기를 많이 치고
큰 포기를 이루며
자란다.

꽃
5~8월.
짙은 노란색 꽃이
꽃줄기 끝에 모여 핀다.
양귀비과.
두해살이풀.

노란색 액체

집 앞 골목길 갈라진 틈 사이로 잡초들이 듬성듬성 삐죽이 올라와 있다.
그동안 이 길에서 보던 풀이 아니다.
"어, 애기똥풀이네!" 줄기를 꺾으면 노란 진액이 나온다.
노란 진액이 아기 똥 같다고 애기똥풀이라 한다.
이름이 참 귀엽다. 어디서 씨가 날아와서 골목길 귀퉁이에 자리 잡았을까?

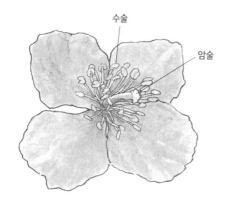

수술

암술

❶ 꽃

꽃잎 넉 장이 또렷하게 보이고,
한 장은 1cm쯤이다.
수술이 아주 많고,
가운데에 암술이 한 개 있다.

❷ 잎

깊게 갈라지며 깃꼴 모양을 이룬다.
길이 7~15cm, 너비 5~10cm. 잎끝이 둥글고 가장자리에 둔한 톱니가 있다.
갈라진 잎은 긴 타원꼴이다.

잎맥이 많으면서 깊지 않고 납작한 편이다.
잎은 깊게 갈라지고 가장자리 톱니도 복잡해서
손이 많이 가고 시간도 많이 걸려 그릴 때 그다지 선호하지 않지만
친숙하고 어디서 만나도 반갑다.
봄부터 늦여름까지 꽃을 볼 수 있다.

❸ 열매

가늘고 긴 꼬투리 모양 열매를 맺는다.
씨앗이 까맣게 익는다.
씨앗을 개미가 좋아해서 개미굴로 옮기면
그곳에서 싹을 틔우기도 한다.

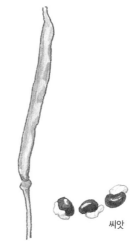

씨앗

뱀딸기

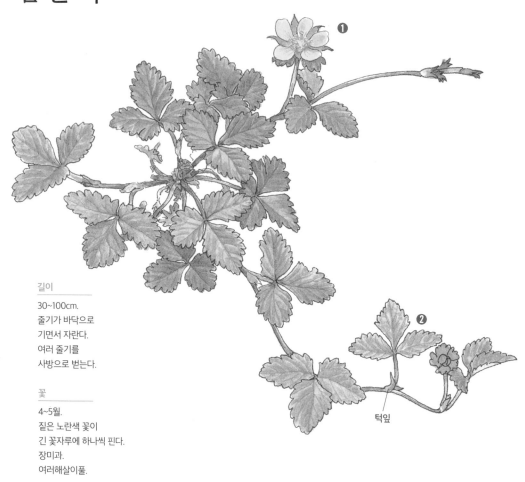

❶

❷

길이
30~100cm.
줄기가 바닥으로
기면서 자란다.
여러 줄기를
사방으로 벋는다.

꽃
4~5월.
짙은 노란색 꽃이
긴 꽃자루에 하나씩 핀다.
장미과.
여러해살이풀.

턱잎

어릴 때 어른들은 뱀딸기 있는 곳에 가까이 가지 말라고 했다.
뱀딸기 밭에는 뱀이 온다고도 했고, 뱀딸기에 독이 있다고도 했다.
정말 무서운 풀인줄 알았다. 풀밭 사이 뱀딸기를 보면 추억이 떠올라 반갑다.
여름이 다가올 무렵 빨갛게 익은 열매가 예쁘다.
열매는 맛이 없지만 재미로 몇 개 맛보기에는 괜찮다.
많이 먹으면 배탈이 난다고 한다.

❶ 꽃

잎겨드랑이에서 긴 꽃자루가 올라온다.
꽃받침이 두 겹이다.
꽃받침은 좁고, 겉꽃받침이 더 넓다.

❷ 잎

작은잎(소엽) 석 장이 달린 겹잎이다.

꽃받침

겉꽃받침
(부꽃받침)

꽃잎

어린 열매

◀ 열매

어린 열매일 때는 꽃받침이 열매를 싸고 있다가,
익으면 벌어진다.
자잘한 씨앗이 열매 겉에 다닥다닥 붙어 있다.
지름 1cm정도.

노랑 꽃이 지고 나서 여름이 가까워질 때쯤 풀이 무성해진 풀밭 사이
뱀딸기 열매가 초록 바탕에 '땡땡이' 무늬처럼 포인트가 되어 준다.

▼ 딸기

꽃 피기 시작하면 딸기 포기에서 줄기가 벋어 나온다.
잎 모양은 뱀딸기와 비슷하고,
꽃자루는 5~15개로 훨씬 많다.

꽃

열매

온실 재배를 하면서 한겨울에도 딸기를 먹는다.
노지에서 키운 딸기 맛을 보려면 5월은 되어야 한다.
자연에서는 뱀딸기처럼 딸기도 4월에 흰 꽃을 피운다.

뽀리뱅이

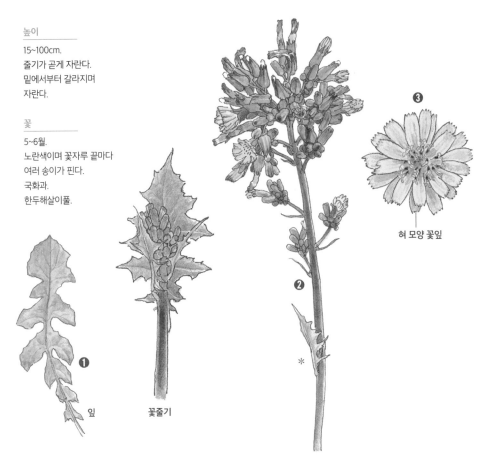

높이

15~100cm.
줄기가 곧게 자란다.
밑에서부터 갈라지며
자란다.

꽃

5~6월.
노란색이며 꽃자루 끝마다
여러 송이가 핀다.
국화과.
한두해살이풀.

❶ 잎

꽃줄기

❷

＊

❸

혀 모양 꽃잎

냉이, 지칭개, 민들레처럼 뿌리잎이 방석 모양으로
땅에 밀착하여 겨울을 나고 봄에 굵은 꽃대가 올라온다.
뽀리뱅이는 냉이나 지칭개 잎보다 가장자리 톱니 모양이 부드러워 보인다.
잎 색도 좀 더 보드랍다.
복잡하게 가지를 낸 뽀리뱅이를 그릴 때는 인내가 필요하다.
엉덩이 싸움이다. 다 그릴 때까지 눈을 뗄 수가 없다.
그리던 곳을 놓치면 엉켜 버려서 그리기 쉽지 않다.

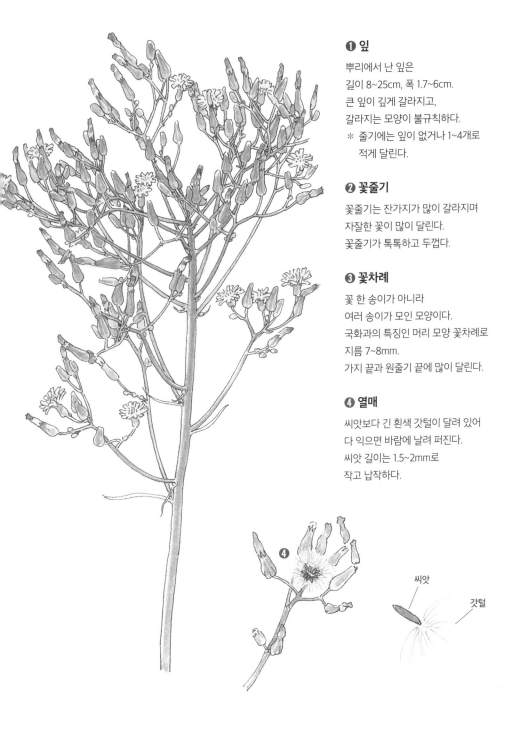

❶ 잎

뿌리에서 난 잎은
길이 8~25cm, 폭 1.7~6cm.
큰 잎이 깊게 갈라지고,
갈라지는 모양이 불규칙하다.
＊ 줄기에는 잎이 없거나 1~4개로
　 적게 달린다.

❷ 꽃줄기

꽃줄기는 잔가지가 많이 갈라지며
자잘한 꽃이 많이 달린다.
꽃줄기가 톡톡하고 두껍다.

❸ 꽃차례

꽃 한 송이가 아니라
여러 송이가 모인 모양이다.
국화과의 특징인 머리 모양 꽃차례로
지름 7~8mm.
가지 끝과 원줄기 끝에 많이 달린다.

❹ 열매

씨앗보다 긴 흰색 갓털이 달려 있어
다 익으면 바람에 날려 퍼진다.
씨앗 길이는 1.5~2mm로
작고 납작하다.

씨앗

갓털

연보라색 라일락이 한창일 때 씀바귀 노란 꽃이 옹기종기 모여 핀다.

가느다란 꽃대 위에 여릿한 노란빛이 흔들린다.

꽃말 그대로 순박하다. 뽀리뱅이 꽃처럼 국화과 특징이 잘 드러나는 모양새다.

뽀리뱅이 어린순은 나물로 먹는다.

봄에 피는 노란 국화과 꽃들의 어린잎은 쓴나물(씀바귀)로 입맛을 돋운다.

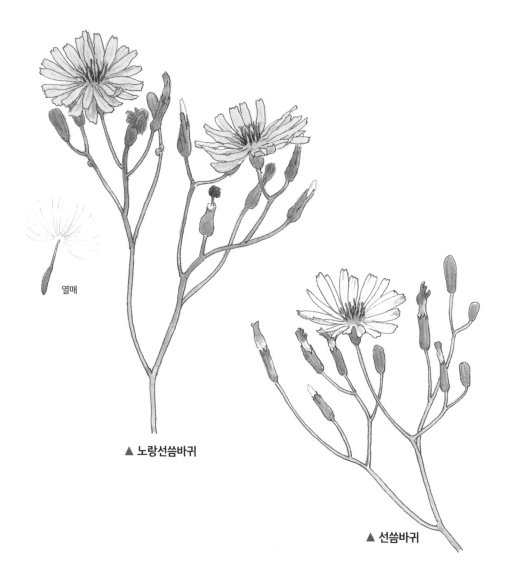

열매

▲ 노랑선씀바귀

▲ 선씀바귀

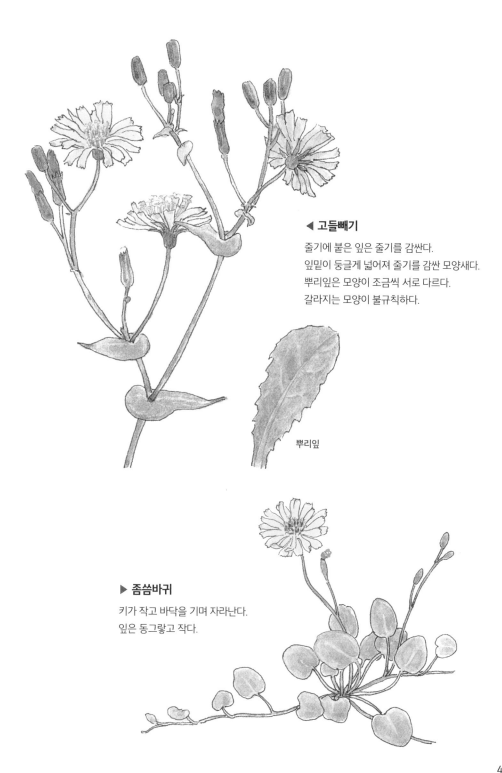

◀ 고들빼기

줄기에 붙은 잎은 줄기를 감싼다.
잎밑이 둥글게 넓어져 줄기를 감싼 모양새다.
뿌리잎은 모양이 조금씩 서로 다르다.
갈라지는 모양이 불규칙하다.

뿌리잎

▶ 좀씀바귀

키가 작고 바닥을 기며 자라난다.
잎은 동그랗고 작다.

봄

꽃다지

냉이

살갈퀴

큰개불알풀

팽이밥

쇠뜨기

갈퀴덩굴

지칭개

붉은토끼풀

고들빼기

말냉이

선씀바귀

노랑선씀바귀

토끼풀

콩다닥냉이

좀씀바귀

꽃다지

높이

10~20cm.
꽃줄기가 곧게 자라고
위쪽에서 가지가
갈라진다.

꽃

4~5월.
노란색 꽃이 줄기 끝에
많이 모여 핀다.
십자화과.
두해살이풀.

❶

❸

*

❷

이른 봄 들녘 논둑.
다닥다닥 노란 점들이 빼곡하게 차 있다.
꽃다지다. 참 예쁜 이름이다.
냉이와 함께 봄나물로 예전에 먹었지만
맛이 냉이만 못해서 냉이만큼은 인기가 없다.
그래서 그런지 꽃다지 군락을 자주 본다.
겨우내 마른 풀색을 보다가 찬란한 노란색 꽃을 보면 설레고 들뜬다.

❶ 꽃

자잘한 노란 꽃이 원줄기나 꽃자루 끝에 다닥다닥 모여 달린다.
꽃잎은 4개이고 길이 3mm 정도.
수술 6개, 암술은 1개다.

❷ 잎

주걱 모양 뿌리잎이 많이 나와서
방석처럼 둥글게 퍼져 난다.
가장자리에는 굵은 톱니가 약간 있다.
＊ 줄기잎은 어긋나며 잎밑이 좁아져
   잎자루처럼 된다.

납작하고 길쭉한
타원형이다.

❸ 열매

처음 꽃이 필 때는 꽃대가 짧지만
열매가 맺히면서 길게 자라난다.

냉이과 풀처럼 십자화과도 열매가 귀엽다.
꽃보다 열매가 달린 모습 그리는 것을 더 좋아한다.
봄의 풍경, 들판 배경을 그릴 때 많이 그리는 열매들이다.
꽃다지 꽃은 노란색, 냉이 꽃은 흰색으로 분명히 구분되는데,
열매 모양이 냉이와 비슷해서 비교하는 재미가 있다.

▶ 비슷한 열매들

꽃다지   냉이

말냉이

콩다닥냉이

좁쌀냉이

냉이

냉이꽃이 피었다. 양지 바른 곳에
냉이 꽃대가 쭉쭉 자라고 있다.
냉이는 초봄 로제트형일 때 나물로 캔다.
나물로 먹기 좋은 냉이를 만났을 때도 좋지만,
꽃대가 길게 자라서 씨가 맺힐 때의 냉이가
나는 더 좋다. 동글납작한 씨앗이 종종종 조로록
위로 올라가면서 달린 가늘고 긴 꽃대.
부드러운 바람에도 살랑살랑 흔들린다.
작은 하트 모양 씨앗이 손가락 하트를 날려 주는 것 같아서 더 좋다.

❶ 잎

나물로 먹는 냉이는
잎이 많이 알려져 있다.
깃털 모양으로 갈라지며
길이 10cm 이상이다.
같은 뿌리잎인데도 갈라진 모양이
조금씩 다르다.

냉이는 잎 모양이 복잡하다.
복잡한 구조를 그릴 때 집중하게 된다.
색은 단순하지만 선이 복잡하므로 스케치할 때 생김새에 집중한다.

❷ 꽃

줄기 끝에서 꽃줄기가 많이 갈라지면서
십자 모양 꽃이 빽빽하게 달린다.
꽃잎은 4개, 수술은 6, 암술은 1개다.

❸ 열매

납작하고 거꿀 삼각형인데,
하트 모양과도 비슷하다.

봄에 만나는 냉이는 종류도 많다.

봄이 되면 열매 달린 말냉이, 콩다닥냉이를 꽃시장에서도 만날 수 있다.

사람들이 예쁜 냉이 열매를 알아보기 시작했다.

냉이로 오해해서 캐는 풀 중에 지칭개가 있다.

지칭개는 맛이 엄청 쓰다. 잎 모양이 비슷해서 헷갈리는데

냉이는 특유의 진한 향을 맡아서 구별한다. 뿌리 냄새를 맡아 보면 금방 안다.

▼ 콩다닥냉이

꽃

줄기잎

열매

뿌리잎

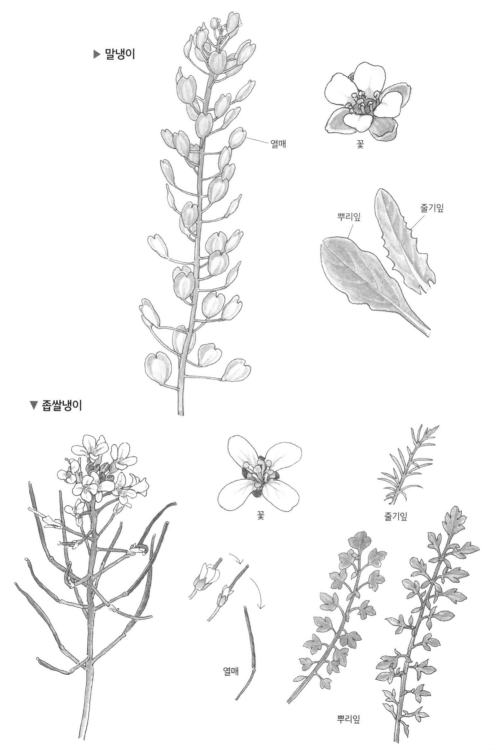

▶ 말냉이

열매

꽃

뿌리잎

줄기잎

▼ 좁쌀냉이

꽃

줄기잎

열매

뿌리잎

49

살갈퀴

길이
————
60~150cm.
줄기가 덩굴져 자란다.
주변 물체를 감으며
자란다.

꽃
————
4~5월.
연자줏빛 꽃이
잎겨드랑이에 핀다.
콩과.
두해살이풀.

안양천 산책길.
경사면에 덩굴 식물이
잘 자라고 있다.
나비 모양 분홍 꽃이 보인다.
살갈퀴는 식물 세밀화 시작할 때 알게 된 풀꽃이다.
상암동 하늘공원에서 처음 본 추억이 떠오른다.
잎끝이 갈퀴처럼 갈라져 살갈퀴라는 이름이 붙었다.
잎끝은 덩굴손이 되어 주변의 풀을 감거나 서로 감싸 안으며
얼기설기 엉겨 자란다. 줄기 모양을 따라 그리려면 정신없다.

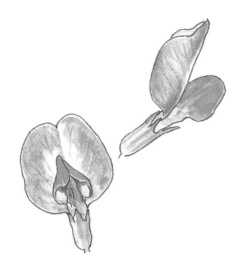

❶ 꽃

잎겨드랑이에 나비 모양 꽃 1~2송이가
함께 달린다.

❷ 잎

어긋나며 작은잎이 3~7쌍인
깃 모양 겹잎이다.
＊ 잎끝이 덩굴손이 된다.
　가늘고 긴 덩굴손이 다른 물체를
　부드럽게 감싸 안으며 자란다.

❸ 줄기

가늘고 다른 풀에 엉겨 있어서
꽃이 피기 전에는 알아보기가 어렵다.
줄기는 밑부분에서 많이 갈라져 자라며,
원줄기는 네모졌다.

❹ 꼬투리

길이 3~4cm이고 검게 익는다.
다 익으면 검은색 콩알이 10개 정도
튀어나온다.

꼬투리가 까맣게 익을 때면 씨앗 터지는 소리가 들린다.

여기저기서 톡톡톡톡.

꼬투리가 터지는 힘으로 콩알이 멀리 튕겨 나간다.

씨앗을 퍼뜨리는 식물의 행동이다.

조용한 풀숲에서 귀기울이고 있으면 톡톡톡톡 톡톡톡톡 합창을 한다.

토끼풀

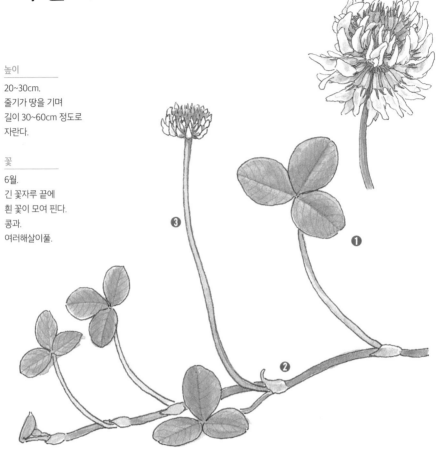

높이
20~30cm.
줄기가 땅을 기며
길이 30~60cm 정도로
자란다.

꽃
6월.
긴 꽃자루 끝에
흰 꽃이 모여 핀다.
콩과.
여러해살이풀.

❸

❶

❷

다른 풀도 마찬가지겠지만 꽃이 처음 필 때부터 질 때까지 모습이 다양해서
토끼풀 모델을 찾아 여러 번 공원을 탐색했다.
여러 송이가 동그랗게 뭉쳐 달려 있는 꽃을 그릴 때는
한 송이 모양을 정확하게 알고서 그리면 쉽게 접근할 수 있다.
그다음은 집중해서 한 송이 한 송이 붙여서 꽃다발을 만드는 것처럼
둥근 형태로 그리면 된다.
분홍빛을 띠는 토끼풀은 신부가 손에 드는 작은 꽃다발처럼 이쁘다.
향기도 진하고 달콤하다.

❶ 잎

작은잎(소엽) 석 장인 겹잎이다.
잎맥이 뚜렷하고 가장자리에 자잘한 톱니가 있다.
잎자루가 길게 자란다.

❷ 줄기

줄기의 마디에서 뿌리가 내리며
무리지어 번성한다.

❸ 꽃자루

꽃자루도 마디에서 올라온다.
잎자루보다 더 길게 자란다.
꽃자루 끝에 작은 꽃 여러 송이가
동글게 모여 달린다.

꽃 한 송이

▶ 열매

열매 하나는 길이 1cm 정도.
꽃잎에 싸여 잘 보이지는 않는다.

꽃이 지면 아래로 처지는데,
꽃잎이 갈색으로 말라도 떨어지지 않고
열매를 싼 채로 있다.

▶ 붉은토끼풀

최근 자주 보이는 토끼풀이 있다.
꽃이 자줏빛인 붉은토끼풀이다.
토끼풀보다 키가 크다.
높이 30~60cm 정도 자란다.
작은잎이 토끼풀보다 길쭉한 모양이고,
꽃차례 바로 아래에
잎이 달려 있는 점이 다르다.

괭이밥

높이
───────
10~30cm.
줄기가 땅을 기며
자란다.
마디마다 뿌리를
내린다.

꽃
───────
5~8월.
노란 꽃이
꽃줄기 끝에서 핀다.
괭이밥과.
여러해살이풀.

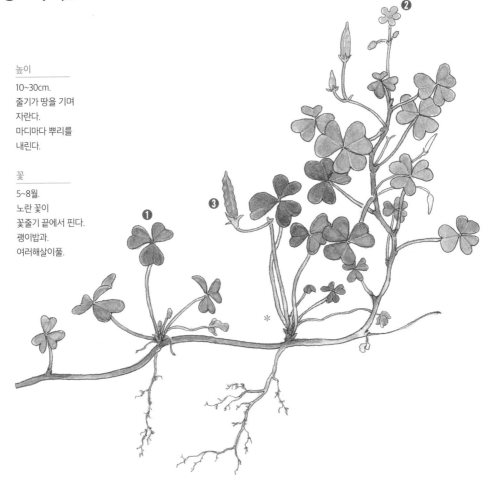

우리 집 베란다에서 자라는 괭이밥.

번식력이 좋아 이 화분 저 화분 한 가득 괭이밥이다.

시큼한 맛이 나는 괭이밥 잎을 뜯어 넣고 달걀 프라이 하나 얹어

고추장 비빔밥 해 먹으니 먹을 만하다.

노랑 꽃도 앙증맞게 피고 열매도 맺고, 다 익은 열매에서 터진 씨앗이

베란다 벽과 바닥에 여기저기 까맣게 붙어 있다.

괭이밥 잎은 붉은 톤부터 녹색까지 색이 다양해서 색칠할 때 재미있다.

❶ 잎

어긋나며 잎자루가 길다.
토끼풀처럼 3개의 작은잎이 모여 달린 겹잎이다.
작은잎의 모양은 토끼풀과 다른데
심장꼴이고 크기가 좀 더 작다.
* 마디에서 잎자루가 하나씩 나는 토끼풀과 달리,
　괭이밥은 여러 대가 올라온다.

❷ 꽃

꽃잎은 5장, 잎겨드랑이에서 핀다.
꽃자루가 길고 그 끝에 1~8송이가 달린다.

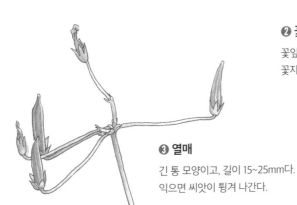

❸ 열매

긴 통 모양이고, 길이 15~25mm다.
익으면 씨앗이 튕겨 나간다.

▶ 선괭이밥

꽃과 잎 모양은
괭이밥과 비슷한데,
높이 30~40cm로
원줄기 하나가 곧게 서서
자란다.

밤이나 흐린 날처럼
빛이 적으면
잠을 자듯 잎을
축 늘어뜨리고 쉰다.

큰개불알풀

높이

10~30cm.
줄기 밑부분이
옆으로 자라거나
비스듬히 서서 자란다.

꽃

3~5월.
파란 꽃이
꽃줄기 끝에서 핀다.
현삼과.
한두해살이풀.

코로나로 모두가 마스크를 썼다.
사람들과 거리를 두고 지낸다.
답답함을 해소하기 위해서
주말에 마스크를 쓰고
안양천 산책에 나섰다.
제법 많은 사람들이 나왔다.
2월 말 제법 찬 기운이 있지만 햇볕은 좋았다.
양지바른 곳에 큰개불알풀이 일찍 꽃을 피웠다.
큰개불알풀은 봄을 알리는 풀이다. 이른 봄부터 꽃이 보인다.
하늘처럼 맑은 파란빛을 담은 꽃이 깨끗하다.

❶ 꽃

하늘색 꽃잎에 진한 줄무늬가 보인다.
꽃잎 4장은 서로 모양과 크기가 다르다.
수술 2개, 암술 1개이다.
잎겨드랑이에 1송이씩 달린다.

❷ 잎

아래쪽 잎은 마주나고 줄기 윗부분에서는 어긋난다.
잎자루는 위로 갈수록 짧아진다.
가장자리에 굵은 톱니가 있다.

❸ 열매

열매는 동글납작한데
두 개가 붙어 있는 모양이다.

▶ 선개불알풀

줄기가 곧게 서서 자라는데
풀숲에 여러 풀과 섞여 있으면
작아서 잘 안 보인다.
꽃을 보면 확실히 구분된다.
선개불알풀이 진한 남색이며
크기는 훨씬 작다.
잎은 마주나는데,
꽃이 달리는 위쪽의 잎은 어긋난다.
잎자루가 없다.

쇠뜨기

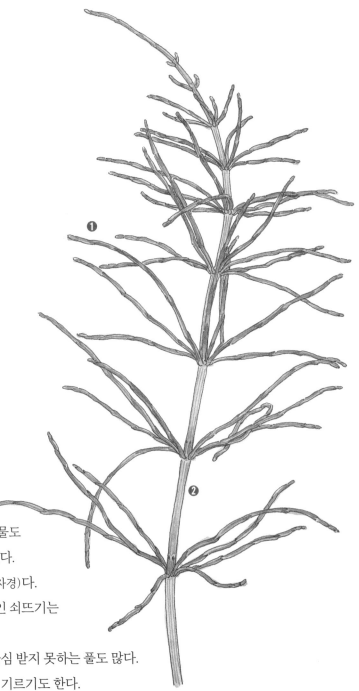

높이

녹색 줄기는 30~40cm,
홀씨주머니는 8~25cm까지
자란다.

홀씨주머니

5월 포자가 부풀어 퍼진다.
속새과.
여러해살이풀.

고사리처럼
꽃이 피지 않는 민꽃식물도
주변에서 자주 볼 수 있다.
뱀밥은 홀씨주머니(포자경)다.
고사리와 비슷한 무리인 쇠뜨기는
꽃이 피지 않는다.
꽃이 잘 보이지 않아 관심 받지 못하는 풀도 많다.
푸른 잎을 보려고 심어 기르기도 한다.

❶ 잎

길쭉한 잎이 마디마다 돌려난다.
마디가 톡톡 잘 끊어진다.

❷ 줄기

줄기는 속이 비어 있고 마디에서 잔가지가 난다.
줄기에 6~11개 정도의 줄이 있다.

◀ 뱀밥

쇠뜨기의 포자주머니를 '뱀밥'이라고 한다.
이른 봄 누런 뱀밥이 푸른 잎보다 먼저 나온다.
포자가 날린 뒤 사그라진다.

뿌리줄기가 땅속으로 길게 뻗으며 자라
무리를 이루는 경우가 많다.
일본에서는 뱀밥을 나물로 자주 먹는다는데
우리는 거의 먹지 않는 풀이다.
그림을 그릴 때 눈으로만 관찰하기보다
만져 보며 질감을 느끼는 것도 도움이 된다.
누런 뱀밥은 부드럽고
푸른 잎은 톡톡 잘 꺾이는 특징이 있다.

 새순

뱀밥이 올라온 뒤 새순이 돋는다.

갈퀴덩굴

길이
___
60~90cm.
줄기 밑부분이
옆으로 비스듬히 서거나
길게 벋으며 자란다.

꽃
___
5~6월.
작은 흰 꽃이
잎겨드랑이에 모여 핀다.
꼭두서니과.
한두해살이풀.

꽃은 거의 눈에 띄지 않게 작다.
돌려난 가는 잎이 꽃잎처럼 예쁘다.
그려 보면 풀의 모양새가
장식하고 꾸미기 좋다.
들여다볼수록 더 예쁜 풀이다.
줄기와 잎에 작은 가시털이 있어서
물체에 잘 붙는다. 일명 찍찍이(접착포)처럼.
딸아이 어릴 적에 잎을 따서
옷에 붙이며 놀던 기억이 있다.
동네 길가에 많다.

60

❶ 잎

좁고 긴 잎이 마디마다 6~8개씩 돌려난다.
잎끝은 짧은 바늘처럼 뾰족하다.

❷ 꽃

연노란빛이 도는 흰 꽃이 핀다.
가지 끝, 잎겨드랑이에
여러 송이가 피는데,
크기가 작다.
지름 3mm.

수술 4개

암술 2개

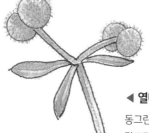

◀ 열매

동그란 열매 두 개가 붙어 있고
갈고리처럼 굽은 긴 털이 많이 나 있다.

❸ 줄기

다른 식물이나 울타리에 기대서 줄기가 올라간다.
줄기를 만져 보면 네모지며 잔가시가 많다.

지칭개

높이
────────
60~80cm.
줄기가 곧게 자라고
가지를 많이 친다.

꽃
────────
4~5월.
연보라색 꽃이
꽃줄기 끝에서 모여 핀다.
국화과.
여러해살이풀.

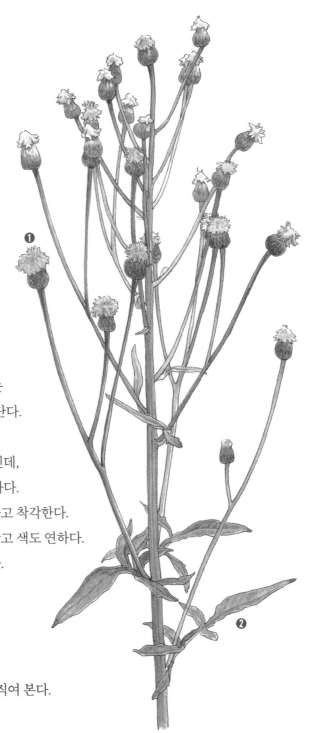

가지를 많이 치는 지칭개는
작은 가지 끝마다 꽃을 매단다.
붉은 자주색을 띤다.
활짝 피면 이쁜 연보랏빛인데,
꽃 모양은 엉겅퀴와 비슷하다.
그래서 사람들이 엉겅퀴라고 착각한다.
엉겅퀴보다는 꽃송이가 작고 색도 연하다.
엉겅퀴보다 순하게 보인다.
지칭개 열매가 익으면
씨앗에 갓털이 달려
바람을 타고 날아간다.
느릿느릿.
나도 씨앗 따라 느리게 움직여 본다.

❶ 꽃차례

둥근 머리 모양이다. 지름 2~3cm.
작은 보랏빛 꽃 여러 송이가 둥글게 모여 핀다.
꽃잎이 없어서 한 송이처럼 보인다.

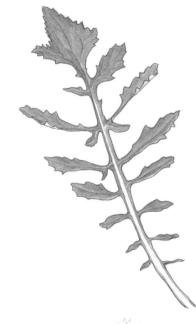

❷ 잎

뒷면에 흰 털이 빽빽하게 나서
흰빛이 도는 풀색으로 보인다.
잎은 줄기 위쪽으로 갈수록 점차 작아지며
더 좁게 갈라진다.
뿌리 쪽의 잎은 긴 타원형이며
깊게 갈라진다. 길이 7~21cm.
냉이처럼 로제트형으로 둥글게 퍼져
뭉쳐난다.

씨앗

갓털

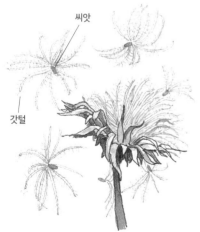

◀ 열매

열매는 긴 타원형인데 아주 잘다.
길이 2.5mm, 나비 1mm.
열매보다 훨씬 긴 갓털이 우산처럼 달려 있어
바람에 두둥실 날려 퍼진다.

여름

원추리

애기메꽃

개망초

망초

자주달개비

둥굴레

어성초

바위취

참나리

왕원추리

나팔꽃

맥문동   무릇

비비주

옥잠화

애기메꽃

토요일이다. 남편과 오랜만에 공원 산책을 나섰다.
풀숲에 연분홍 꽃을 보더니
"요새는 나팔꽃 보기가 힘든 거 같다."며 반갑다고 한다.
메꽃과 나팔꽃은 매우 비슷하다.
피는 시기도 비슷하고 꽃 모양이 닮았다.
우리가 산책을 나선 것은 한낮.
우리가 만난 풀꽃은 애기메꽃이었다.
낮에 피는 것은 메꽃이고,
나팔꽃은 아침에 핀다. 꽃 색도 다르다.
나팔꽃은 심어 기른 풀이고, 메꽃은 자연에서 자란다.

길이
25~100cm.
줄기가 덩굴져
다른 물체를 감으며
자란다.

꽃
6~8월.
잎겨드랑이에서
연분홍 꽃이 핀다.
메꽃과.
여러해살이풀.

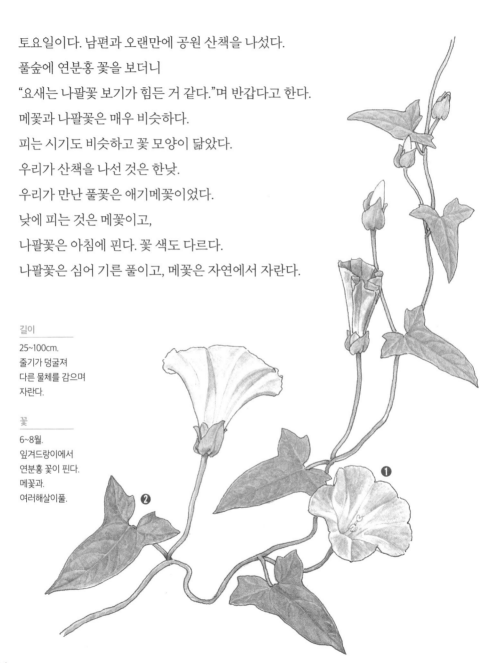

❶ 꽃

엷은 핑크빛 꽃이 잎겨드랑이에 1개씩 달린다.
꽃잎은 깔때기 모양이고
길이 5~6cm, 지름 약 5cm이다.

❷ 잎

어긋나고 잎자루가 길다.
잎 모양이 긴 피침형이면 메꽃이고,
밑부분이 그림과 같이
2~3갈래로 갈라지면
애기메꽃이다.

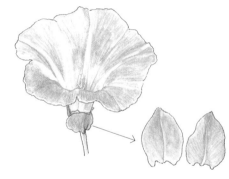

꽃받침 밑에 있는
2개의 포는 녹색이다.

◀ 열매

열매는 동그랗고
익으면 까만 씨앗이 나온다.

▼ 나팔꽃과 둥근잎나팔꽃

잎 모양이 확연히 다르다.
나팔꽃 잎은 보통 3개로 깊게 갈라진다.

나팔꽃은 꽃 모양을 보고 붙인 이름이다.

어릴 적 색종이로 나팔꽃 모양을 접으며 놀았다.

남보라색, 자주색, 흰색, 붉은색 등 꽃 색이 화려해서 좋아했다.

닭의장풀(달개비)

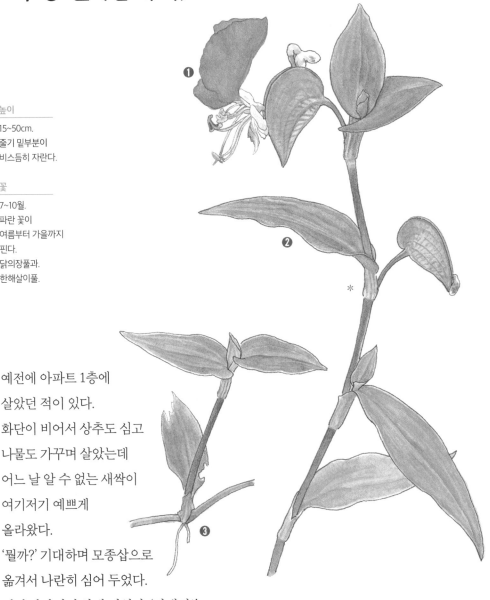

높이
15~50cm.
줄기 밑부분이
비스듬히 자란다.

꽃
7~10월.
파란 꽃이
여름부터 가을까지
핀다.
닭의장풀과.
한해살이풀.

예전에 아파트 1층에
살았던 적이 있다.
화단이 비어서 상추도 심고
나물도 가꾸며 살았는데
어느 날 알 수 없는 새싹이
여기저기 예쁘게
올라왔다.
'뭘까?' 기대하며 모종삽으로
옮겨서 나란히 심어 두었다.
점점 자라면서 알게 되었다. '달개비!'
새로운 식물일 줄 알았는데 너무나 친숙한 달개비였다.
닭장 주변에서 잘 자란다고 닭의장풀이라 한다.

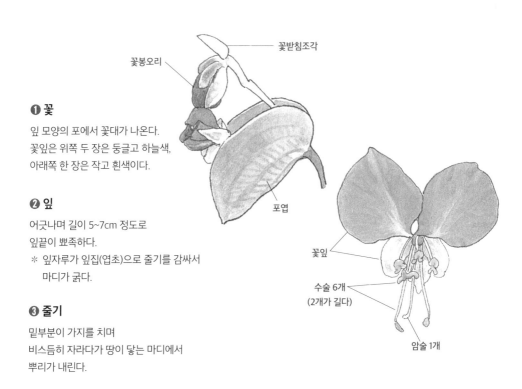

꽃받침조각

꽃봉오리

❶ 꽃

잎 모양의 포에서 꽃대가 나온다.
꽃잎은 위쪽 두 장은 둥글고 하늘색,
아래쪽 한 장은 작고 흰색이다.

포엽

❷ 잎

어긋나며 길이 5~7cm 정도로
잎끝이 뾰족하다.
※ 잎자루가 잎집(엽초)으로 줄기를 감싸서
　 마디가 굵다.

꽃잎

수술 6개
(2개가 길다)

암술 1개

❸ 줄기

밑부분이 가지를 치며
비스듬히 자라다가 땅이 닿는 마디에서
뿌리가 내린다.

▼ 사마귀풀과 자주달개비

모두 닭의장풀과 식물이다.
꽃잎이 석 장, 잎맥은 나란히맥, 꽃은 한여름부터 초가을까지 피는 등 비슷한 점이 많다.
자주달개비는 줄기 끝에서 꽃이 여러 송이 달리고, 사마귀풀은 잎겨드랑이에서 한 송이씩 핀다.
사마귀풀은 10~30cm 정도로 키가 작다.

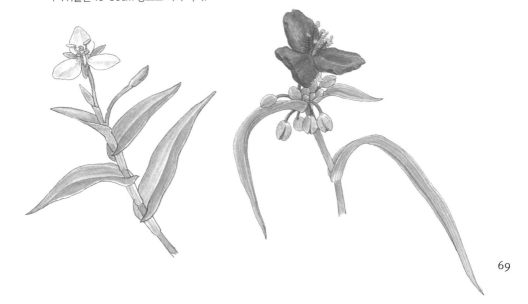

바위취

❶

❸

❷

아파트 벽면 그늘진 곳에 조그만 화단이 있다.

바위취 하얀 꽃이 피니 눈길이 간다. 바위취 꽃은 나비 모양이다.

흰 나비가 날개를 활짝 편 듯한 독특한 모양이다.

여러 송이가 모여 피니 나비떼가 군무를 추는 모양새다.

어떤 이는 긴 꽃잎 두 장이 토끼 귀를 닮았다고 한다.

이리 보아도 저리 보아도 이쁘다.

바위취 주변에서 어슬렁거리는 까만 고양이도 자주 만났는데 '나비'가 떠올랐다.

옛날 집에서 키우던 고양이 이름이 나비였다.

본디 산지 그늘에서 자라는 풀로, 둥그런 잎이 겨울에도 푸르게 남아 있다.

❶ 꽃

꽃잎 석 장은 짧고 두 장이 길다.
짧은 꽃잎은 연분홍색이고 짙은 붉은 점이 보인다.
긴 꽃잎은 길이가 1~2cm이며 흰색이다.

❷ 잎

둥근 뿌리잎이 모여난다.
잎맥이 또렷하고 연한 풀색 무늬가 있다.
가장자리에 톱니가 있고 잎자루는 길다.
잎 뒷면은 자줏빛이 도는 붉은색을 띤다.

❸ 줄기

바닥을 기는 줄기가 뻗으며 새싹이 돋는다.

약모밀(어성초)

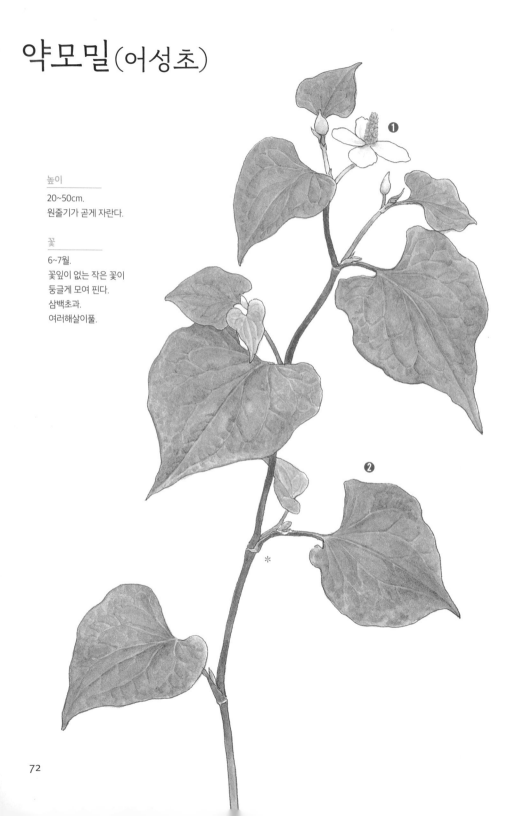

높이

20~50cm.
원줄기가 곧게 자란다.

꽃

6~7월.
꽃잎이 없는 작은 꽃이
둥글게 모여 핀다.
삼백초과.
여러해살이풀.

❶

❷

＊

그늘진 화단에 어성초 꽃이 피었다.

물고기 어(漁) 자를 쓴다.

잎을 비비면 비린내가 난다.

화장품, 비누에 많이 사용되면서 어성초라는 이름이 친숙해졌다.

도감에서는 약모밀을 찾으면 된다.

잎이 메밀을 닮았다.

나는 어성초를 좋아한다.

꽃차례와 하얀 포가 마치 큰 꽃처럼 보여 깔끔한 느낌을 준다.

그래서 그림으로 그려 내도 멋스럽다.

또한 녹색 잎과 줄기에 붉은 톤이 스며들어 있어

색의 변화를 그려 낼 때 그릴 맛이 난다.

꽃 한 송이

❶ 꽃차례

원줄기 끝에서 짧은 꽃대가 나와
그 끝에 꽃이 빽빽하게 모여 핀다.
꽃을 보호하는 하얀 포는 넉 장인데
꽃차례 밑에 십자 모양으로 달려 있어서
커다란 흰 꽃처럼 보인다.

❷ 잎

어긋나고 잎자루가 길다.
잎몸은 심장꼴로 고구마나 메밀 잎을 닮았다.
잎끝이 뾰족하고 가장자리에 톱니는 없다.
＊ 탁엽이 잎자루 끝에 붙어 있어
　 마디가 또렷하게 보인다.

포엽

둥굴레

높이

30~60cm.
줄기 아래쪽은 곧고,
위쪽은 한쪽으로 굽어
자란다.

꽃

6~7월.
아래를 본 꽃이
줄지어 핀다.
백합과.
여러해살이풀.

❶

❷

❸

친정에 가면 시원한 둥굴레차를 마실 수 있다.

엄마는 늘 둥굴레를 뜨거운 물에 우려내어 냉장고에 넣어 두신다.

구수한 맛이고 뒷맛이 달짝지근하다.

둥굴레차는 뿌리를 잘라 말려서 만든다.

굵은 뿌리줄기를 벋으며 자라는 둥굴레는 산지에서 자라는 풀인데

요즘 관상용으로 심어 길러 가까운 곳에서 자주 보인다.

흰빛의 꽃이 기우뚱 한쪽으로 치우쳐 줄지어 핀다.

꽃을 보고 은방울꽃을 떠올린다.

둥굴레 꽃은 은방울꽃보다 꽃부리가 길고 풀빛을 띤다.

❶ 꽃

줄기의 중간 부분부터
잎겨드랑이에서 한두 송이씩 달린다.
긴 종 모양 꽃부리가 흰색인데
풀빛이 돈다.

❷ 잎

긴 타원형이고 어긋난다.
잎도 꽃처럼 한쪽으로 치우쳐서 자란다.
나란히맥이고, 잎자루는 없다.

❸ 뿌리

뿌리가 옆으로 벋으며 자란다.
굵은 뿌리는 누런색을 띠고 단맛이 있다.
잔뿌리도 많이 난다.
둥굴레 뿌리는 늦가을과 이른 봄에 수확한다.

▲ 열매

꽃이 지면 둥근 열매를 맺으며,
가을에 까맣게 익는다.

원추리

❶

높이
100cm.
가느다란 꽃대가
길고 곧게 자란다.

꽃
6~7월.
환한 노란색 꽃이
꽃대 끝에
10여 송이씩 핀다.
백합과.
여러해살이풀.

❷

친정집 화단에 나리꽃이 한창이다.
이맘때 동네 화단에는 나리 닮은 원추리가 핀다.
10여 년 전 지리산 노고단 산행에서
반겨 주던 원추리가 이제는 도심 화단에
여기저기 심겨 있어 한여름 꽃으로 만나게 된다.
지리산에서 만났던 싱그럽고 예쁜 꽃이
더운 여름 한낮에 지쳐 보였다.
도심 환경이 그다지 좋지 않을 터이니
원추리가 도시에 내려와 고생하는 것처럼 느껴진다.
봄에 어린순을 나물로 먹는다.

잎

❶ 꽃

길이 10cm 이상이고 갈라진 꽃잎이 바깥으로 휘어져 눈에 잘 띈다.
차례로 한 송이씩 피었다가 하루 만에 진다.
아침에 피었다가 저녁에 시든다.

❷ 잎

칼 모양 잎이 길어져서 휘어져 자란다.
잎맥은 나란히맥이다.

▶ 새순

새순을 보면 잎이 어떻게 나는지 잘 보인다.
줄기가 따로 없이 잎이 얼싸안고 마주나는 모양새다.
앞에서 보면 부채를 편 넓적한 모양이고
옆에서 보면 납작해 보인다.

▶ 왕원추리

붉은빛이 도는 노란색 꽃이 꽃줄기 끝에 달린다.
꽃을 보려고 가꾸는 왕원추리가 많다.

참나리

❶

암술

수술

*

❷

❸

높이

1~2m.
키가 큰 편이고
한 줄기가
곧게 자란다.

꽃

여름.
줄기 끝에 4~20개가
밑을 향해 달린다.
백합과.
여러해살이풀.

7월 장마가 끝나고 많이 덥다.

이때 아파트 화단에서 눈에 띄는 꽃은 참나리다.

진한 여름 풀빛 사이에 무리지어 핀 주홍빛 꽃이 지나던 길을 멈추게 한다.

어릴 때 집 화단에 여름이면 나리꽃이 피었는데,

30년이 지난 지금도 엄마의 화단에는 나리꽃이 있다.

우리나라 산과 들에 흔히 자라고,

마당에 한두 포기는 키울 정도로 친숙한 식물이다.

영어 이름은 타이거 릴리Tiger lily. 호랑이 백합이다.

노란빛 도는 진한 주황색에 검은 점들이 흩어져 있어

호랑이 무늬가 떠오른다.

❶ 꽃

꽃이 크고 6조각으로 깊게 갈라져 뒤로 말려 있어
가까이 다가가지 않아도 잘 보인다.
꽃부리보다 길게 암술과 수술이 나와 있다.
어쩌다 손이나 옷이 스치면 진한 갈색 꽃가루가 묻는다.
＊ 꽃받침이 없다.

❷ 잎

꽃줄기 아래로
잎이 촘촘하게 달린다.

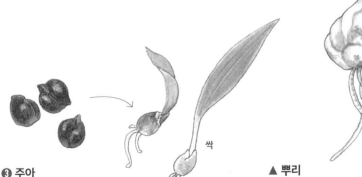

싹

❸ 주아

주아(살눈)는 잎겨드랑이에 달리고
검게 익는다.
주아로도 번식한다.
주아가 바닥에 떨어져서
점점 군락을 이루는 경우가 많다.

▲ 뿌리

백합과 식물은 여러해살이풀로
한 번 심어 두면 뿌리가 오래 살아
해마다 새싹이 올라온다.
참나리는 비늘줄기(알뿌리)로도 번식시킨다.
비늘줄기는 지름 5~8cm로 둥글다.

개망초

높이

30~100cm.
가지를 많이 치며
곧게 자란다.

꽃

6~9월.
잔가지가 많이 갈라지고
자잘한 꽃이 달린다.
국화과.
두해살이풀.

친구와 카페에서 만났다. 벽에 개망초 그림이 그려 있었다.

개망초를 10년 전에 그린 적이 있는데 당시 사랑스러운 마음으로 그렸다.

소박하기 그지없이 순박한 꽃인데 여럿이 모이니 예뻐 보였다. 그때는 그랬다.

지금 내 눈에 개망초는 평범한 꽃이다. 그래서 편하다.

'달걀꽃'이라 불리는 개망초는 6월 말에서 7월 초까지 들판 여기저기

도심 골목 여기저기 흐드러지게 핀다.

❶ 꽃

지름 2cm 정도이고,
노란색과 흰색이 또렷하게 보인다.
노란 꽃이 머리 모양으로
빽빽하게 모여 달리고,
가장자리의 혀 모양 꽃(설상화)은
흰색이다.
＊ 익은 열매에는 붉은빛 도는
　밤색 갓털이 달려 있어
　씨앗이 바람에 날린다.

❷ 잎

주걱 모양 잎이 어긋나는데
줄기 위로 올라가면서
점점 크기가 작아지고
모양도 단순해진다.

개망초가 시들 무렵, 망초대가 들녘에 존재감을 뽐낸다.

키가 1m 넘게 크고 녹색도 진하다. 어릴 때는 개망초처럼 로제트형으로 자라다가

여름 무렵 줄기를 곧게 올리며 자란다.

줄기잎은 다닥다닥 달리고 개망초보다는 좁은 주걱 모양이다.

꽃대는 중간쯤에서 잔가지가 많이 갈라지고

개망초보다 작은 꽃들이 많이 달린다.

▶ **망초**

개망초처럼
흰색 꽃잎과 노란 머리가
또렷하지 않다.
개망초보다 망초 꽃이
더 작다.

씨앗

식물마다 고유한 풀색이 있다. 개망초와 망초도 다르다.

같은 종이라도 추울 때 일찍 나오는 어린순과

햇볕이 따뜻할 때 늦게 나는 잎도 다르다.

쑥처럼 자잘한 털이 있는 잎, 물풀처럼 윤이 나는 잎도 녹색의 느낌이 달라진다.

식물의 풀색은 식물만큼이나 다양하다.

녹색 계열 물감이 많지만 세 개만 쓰고 있다. 다양함은 섞어서 표현한다.

연두 잎은 노랑을, 진해지면 파랑 계열을 섞는다.

붉은 계열의 색이 필요한 잎도 있다. 조금씩 섞으며 색을 본다.

물의 양도 영향을 끼친다. 보는 만큼 그리듯이 색도 보이면 칠할 수 있다.

◀ 싹
뿌리잎이 모여난다.
가을에 난 싹이 겨울을 나고 봄을 지나 자란다.
나물로도 먹는다.
번식력이 강하고 강인한 풀이다.

▶ 줄기잎
짙은 풀색 잎이 촘촘하게 난다.
꽃을 피우기 전에 줄기가 크게 자란다.

비비추

높이

30~40cm.
꽃대 한 줄기가
곧게 자란다.

꽃

7~8월.
꽃송이가 아래쪽으로
기울어져 달린다.
백합과.
여러해살이풀.

❶

❷

긴 장마가 끝났다.

날이 덥다.

햇빛이 쨍하고

지면은 이글이글.

숨 막혀 밖에 나서고 싶지 않다.

볼일 보러 잠시 밖으로 나서면 동네 그늘진 화단에 맥문동이 한창이다.

그 옆에 비비추도 피어 있다.

심어 기르는 백합과 식물들이 한창 꽃을 피운다.

풀잎 색이 점점 진해진다.

진초록의 잎과 자줏빛 꽃이 잘 어울린다. 눈이 시원하다.

❶ 꽃

나팔 모양 꽃부리는 끝이 6개로 갈라지고,
암술이 길게 꽃 밖으로 나온다.
＊ 꽃들이 꽃대의 한쪽으로 치우쳐 달린다.

❷ 잎

모두 뿌리에서 돋아 비스듬히 퍼진다.
잎이 두껍고 색이 짙다.
가장자리가 밋밋하지만 약간 굽이진다.

▶ 싹

잎이 서로 감싸듯이
모여난다.

▶ 옥잠화

비비추와 꽃의 생김새가 비슷하고 꽃 피는 계절도 같다.
잎 모양과 꽃 색으로 쉽게 구분한다.
옥잠화 잎은 둥글넓적하고,
꽃은 분홍빛이 도는 하얀색이다.

낮에 피는 비비추와 달리
옥잠화는 해가 지는 저녁에 꽃이 피어서
아침에 오므라든다.
여름밤 짙게 풍기는 꽃향기가 좋다.

맥문동

높이
30~50cm.
꽃대가 곧게 자라고
촘촘히 모여 핀다.

꽃
6~8월.
보랏빛 꽃이
꽃줄기 끝에서 핀다.
백합과.
여러해살이풀.

동네 화단마다 사람이 심어 가꾼
맥문동이 밭을 이룬다.
줄지어 심은 여러 포기가
함께 꽃을 피우고 열매를 맺는 모습이
나름 분위기 있고 예쁘다.
사계절 푸른 잎을 볼 수 있다.
자잘한 꽃보다
동그란 까만 열매를 기억하는 경우가 더 많다.
그늘에서 잘 자란다.

❶ 꽃

작은 꽃이 3~5개씩
마디마다 모여 달린다.
꽃자루가 짧다.

보통은 꽃차례 아래쪽부터 꽃이 피어 올라오는데
가끔 규칙을 알 수 없는 풀꽃도 있다.
맥문동을 보면 중간에서 먼저 꽃이 피기도 한다.
쥐꼬리망초도 순서를 알기 어렵다.
식물은 알고 있겠지?

◀ 열매

동그란 열매가 맺힌다.
얇은 껍질이 일찍 벗겨지면서
검은 씨앗이 노출된다.

▶ 잎

길이 30~50cm로 긴 끈 모양이다.
나란히맥이고 잎 밑부분이 가늘어져서
여러 장의 잎이 뭉쳐난다.
겨울에도 잎이 푸르다.

화단에 일부러 심은 것은 맥문동인데,
비슷하게 생긴 무릇이
여기저기 비죽이 올라와 있다.
내 눈에는 무릇이 더 예쁘다.
무릇처럼 여러 개의 꽃이 모여나고
꽃이 피는 순서가 다르면
며칠 동안 관찰한다.
꽃봉오리가 올라오면 보고
꽃이 피면 보고
꽃잎이 지면서 씨앗을 맺으면 또 본다.
여러 날 보면서 가장 예쁜 순간을 스케치한다.
꽃을 피우는 순서도 본다.
보통은 무릇처럼 아래쪽부터 핀다.
위쪽부터 피는 오이풀 같은 꽃도 있다.
꽃대 길이도 시시때때 다르다.
꽃대가 다 자란 뒤에 피는 풀꽃도 있고,
냉이처럼 꽃이 피고 나서 꽃대가 길게 쭉쭉 자라는
풀도 있다.

▶ 무릇

◀ 꽃

크기가 작고 멀리서 보면 맥문동과 한 식구처럼 보인다.
꽃차례, 색깔, 모양이 비슷하다.

▲ 열매

달걀꼴이고 익으면
세 갈래로 갈라진다.

잎

보통 2장만 난다. 드물게 석 장도 있다.
꽃줄기에는 잎이 달리지 않는다.

뿌리

맥문동과 무릇은 같은 식구(백합과)이다.
땅속뿌리는 전혀 다르다.
무릇은 비늘줄기가 메추리알처럼 동그랗고,
그 아래에 잔뿌리가 내린다.
맥문동은 주위에 잔뿌리가 많이 나고
뿌리 끝에는 백색의 덩이뿌리가 달리기도 한다.

여름

부들

꽃창포

고마리

노랑어리연꽃

수련

부들

높이
1~1.5m.
잎이 줄기를 길게 감싸며
원통형으로 자란다.

꽃
6~7월.
꽃잎이 없는 자잘한 꽃이
빽빽이 모여 핀다.
부들과.
여러해살이풀.

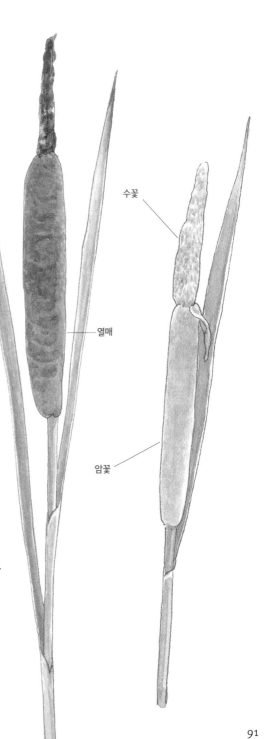

수꽃

열매

암꽃

습지 가장자리에 자란다.
진흙 속에 뿌리 내리고
줄기와 잎은 물에 잠기지 않는다.
잎, 꽃, 열매가 부드러운 질감이라서
부들이라는 이름이 붙었다고 한다.
겨울에는 씨앗이 날리는 걸 볼 수 있다.
작은아이와 열매를 만지작거렸는데
어마어마한 솜털이 터져 나와
온몸에 달라붙어
깔깔거리며 놀았던 기억이 난다.
잎은 띠 모양이고 1m 정도로 길다.

꽃창포

높이

60~120cm.
줄기 속이 비었고
곧게 자란다.

꽃

6~7월.
줄기나 가지 끝에
보랏빛 큰 꽃이 핀다.
붓꽃과.
여러해살이풀.

물가에서 만난 꽃창포는
붓꽃과 닮아서 많이들 헷갈려 한다.
넓은 꽃잎 안쪽에
붓꽃은 흰색과 노랑 바탕 위에
그물맥 무늬가 있고,
꽃창포는 노란색 무늬가 있다.
붓꽃은 푸른 보라색에 가깝고,
꽃창포는 붉은 보라색에 가깝다.
손이 많이 가지만
그리면서 집중이 잘 되게 해 주는
꽃 중의 하나다.

❶

❷

❸

❶ 꽃

꽃잎의 구조가 독특하다.
화피(꽃덮이) 여러 개가 암술과 수술을 둘러싸고 있다.
바깥꽃덮개(외꽃덮이) 3개가 크고 아래로 늘어져 있어 눈에 가장 잘 띈다.
바깥꽃덮개에 노란 무늬가 있다.
안쪽꽃덮개(내꽃덮이)는 작고 3개이며 위를 향해 있다.

❷ 잎

줄기에 1~3개의 잎이 난다.

❸ 줄기

때로는 가지가 갈라지고
속이 비어 있다.

생태 숲으로 가꿔진
도시 숲의 물가에 가면
물풀을 쉽게 만날 수 있다.
화려하고 큰 꽃을 피우는
여름 꽃이 많다.
꽃창포의 노란색 무늬는
붉은 보라색과 잘 어울린다.
노란 무늬 부분을 비워 둔 뒤
붉은 톤으로
밑색을 넓게 바르고
푸른색과 붉은색을
여러 번 중첩시켜
붉은 보라색을 낸다.
마지막에 노란색을 채워
마무리한다.

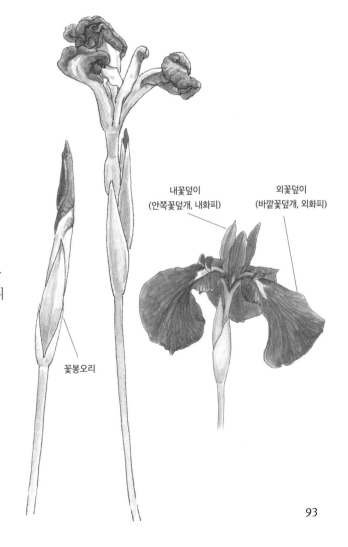

내꽃덮이
(안쪽꽃덮개, 내화피)

외꽃덮이
(바깥꽃덮개, 외화피)

꽃봉오리

노랑어리연꽃

높이

60~120cm.
잎자루가
물의 깊이에 따라
1미터까지
길게 자란다.

꽃

7~8월.
잎겨드랑이에서
꽃줄기가 나온다.
조름나물과.
여러해살이풀.

❶

❷

6월인데도 벌써 날씨가 뜨겁다.

연못이 있는 공원에서 만난 노란 꽃. 노랑어리연이다.

여름에는 수생식물들이 꽃을 피우며 번식하기 좋은 계절이다.

어리연은 수련보다 크기가 작다. 꽃을 피우는 방법은 비슷하다.

줄기와 잎자루 모두 물에 잠겨 자라며 잎은 수면 위에 붙어 있는데

꽃줄기만 수면 위로 올라와 꽃을 피운다. 어리연은 흰색, 노랑어리연은

노랑 꽃이 핀다. 아침에 활짝 피었다가 저녁에 오므린다.

❶ 꽃

꽃잎은 다섯 장으로 깊게 갈라지고
가장자리가 자잘하게 갈라진다.

❷ 잎

동그란 심장꼴이고 물 위에 수평으로 뜬다.
지름 7~20cm 정도다.

▼ 수련

연꽃을 닮았고 밤에 꽃잎을 오므린다고
'잠자는 연(수련)'이라는 이름이 붙었다.
흰색이나 연한 분홍색 꽃이 핀다.
수술은 40개 정도로 많고, 꽃밥은 황금색이다.

노랑어리연과 가까운 곳에서 수련이 비슷한 때에 꽃을 피운다.

수련을 보면 모네가 마지막으로 그린 수련 연작이 생각난다.

물 위에 고고하게 피어 있는 수련을 여름 물가에 가면 쉽게 만날 수 있다.

꽃 색도 다양해서 이쁘다.

고마리

높이
────
50~80cm.
비스듬히 기면서 벋는다.
1m까지 길게 자라기도
한다.

꽃
────
8월.
작은 꽃이 10~20개씩
뭉쳐난다.
마디풀과.
한해살이풀.

❶

❷

*

시골 가면 도랑가에 고마리가 가득하다.
어릴 적에 많이 보았고 익숙한 풀이다.
도시로 이사 오면서는 거의 보지 못했는데
물가 식물을 그리면서 다시 만나 반가웠다.
도시에서도 물가에 가면 귀여운 꽃이 모여 핀
고마리를 여름부터 가을까지 만날 수 있다.

꽃받침

수술 8개

암술대 3개

❶ 꽃

꽃잎으로 보이는 것은 꽃받침이다.
꽃받침 5~6장은 흰색에 붉은빛이 돈다.

새싹

❷ 잎

어긋나고 잎몸은 끝이 뾰족한 화살촉 모양이다.
＊ 잎자루는 위쪽으로 갈수록 짧아지고
　　마디마다 작은 턱잎이 난다.

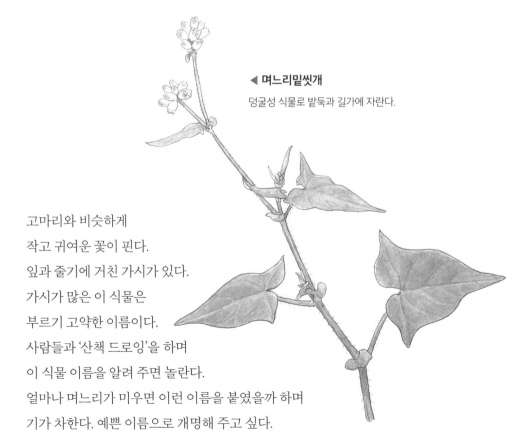

◀ **며느리밑씻개**

덩굴성 식물로 밭둑과 길가에 자란다.

고마리와 비슷하게
작고 귀여운 꽃이 핀다.
잎과 줄기에 거친 가시가 있다.
가시가 많은 이 식물은
부르기 고약한 이름이다.
사람들과 '산책 드로잉'을 하며
이 식물 이름을 알려 주면 놀란다.
얼마나 며느리가 미우면 이런 이름을 붙였을까 하며
기가 차다. 예쁜 이름으로 개명해 주고 싶다.

가을

쑥부쟁이

새팥

오이풀

박주가리

벌개미취

돌콩

쥐꼬리망초

개여뀌

맨드라미

봉선화

미국쑥부쟁이

구절초

쑥

산국

쥐꼬리망초

높이
━━━━━
30cm.
산기슭, 길가, 들에서
만날 수 있다.
가지가 많이 갈라진다.

꽃
━━━━━
7~9월.
작은 보랏빛 꽃이
가지 끝에서 핀다.
쥐꼬리망초과.
한해살이풀.

더운 여름 끝자락.
8월 말이 되어서야
찬바람이 불어온다.
그늘에 서면 이제 시원하다.
동네 풀밭에
쥐꼬리망초 꽃이 보인다.
꽃차례가 쥐꼬리를 닮아서
쥐꼬리망초란 이름이 붙었다.
꽃이 작다. 손톱보다 작다.
하나를 자세히 보면 입술 모양이다.
한두 송이씩 피고 진다.
여름부터 초가을까지 꽃을 피운다.

꽃

포엽

❶ 꽃차례

가지 끝에서 길이 2~5cm인 이삭꽃차례를 이룬다.
꽃이 작은 데다가 포엽에 싸여 있고,
한꺼번에 피지 않고 몇 송이씩 피었다 져서
눈에 잘 띄지 않는다.

윗입술 꽃잎

아랫입술 꽃잎

연한 붉은 보랏빛 꽃부리는 길이 7~8mm.
입술 모양 꽃을 피운다.
아랫입술 꽃잎은 3개로 얕게 갈라지고
연한 붉은색 바탕에 반점 무늬가 있다.

❷ 잎

마주나고 긴 타원형으로 길이 2~4cm.
가장자리는 밋밋하거나 자잘한 톱니가 있다.

❸ 줄기

마디가 굵고 튼튼하다.
가지를 많이 쳐서 포기를 이룬다.

개여뀌

높이
20~50cm.
줄기는 곧게 서고
가지가 많이 갈라진다.

꽃
6~9월.
꽃은 작고
성기게 줄지어 난다.
마디풀과.
한해살이풀.

❶

❷

❸

여름부터 늦가을까지
꽃을 피우는 개여뀌.
우리 동네 흔한 풀이다.
모든 들꽃이 그렇듯 작은 꽃은
하나일 때에 존재감이 미미하다.
여럿이 모여 피어 있으니
더 빛나고 이쁘다.
가을이 되면 잎, 꽃, 줄기가 붉게 물드는 개여뀌가 특히 그렇다.
단풍나무 부럽지 않다. 땅 가까이에도 멋진 가을 풍경을 볼 수 있어서 좋다.

❶ 꽃

꽃잎으로 보이는 것은 꽃받침이다.
5개로 갈라진다.
수술 8개이고,
암술대는 3개로 갈라진다.

❷ 턱잎

길이 5~10mm로 줄기를 감싼다.
턱잎에는 긴 털이 있다.
그래서 마디가 또렷하게 보인다.

❸ 줄기

밑부분이 비스듬히 자라면서 땅에 닿으면 뿌리가 내린다.
붉은 자줏빛이 돈다.

▲ 잎

양끝이 좁고 가장자리는 밋밋하다.

▶ 여뀌

습지, 냇가에서 자란다.
개여뀌는 잎을 씹으면 맵지 않은데
여뀌는 잎을 씹으면 맵다.

수술은 6개,
암술대는 2개로 갈라진다.

가을에 붉게 물든다.

오이풀

높이
―――
30~150cm.
긴 줄기로 곧게 자라며
윗부분에서
가지가 갈라진다.

꽃
―――
7~9월.
긴 꽃대 끝에
많은 꽃이 모여 핀다.
장미과.
여러해살이풀.

추석 때 시아버님 산소에 갔다.
오이풀이 반긴다.
여름에 꽃을 피우고 가을에 열매를 맺는다.
열매 맺은 오이풀을 꺾어 와
꽃병에 꽂아 두고 가을을 맞는다.
오이 냄새가 난다고 오이풀.
작은 꽃이 둥글게 뭉쳐나 핀다.
꽃잎은 없다.
산과 들에서 피는 야생 풀꽃들이
꽃꽂이 재료로 재발견되면서
꽃시장에서도 등장하고 있다.
오이풀도 그중 하나다.

꽃차례

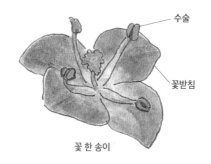

수술

꽃받침

꽃 한 송이

❶ 꽃차례

보통 꽃들은 꽃차례 아래부터 피는데 오이풀은 위에서부터 핀다.
꽃받침조각은 4개이며 넓은 타원형이다.
꽃잎처럼 보이는 것은 꽃받침이다.
수술도 4개이며, 꽃밥은 흑갈색을 띤다.

❷ 잎

겹잎이고 어긋난다.
작은잎(소엽)은 긴 타원형이고
5~11개이며,
가장자리에 삼각꼴 톱니가 있다.
잎자루가 길다.

잎 한 장

돌콩

길이
2m.
덩굴성 줄기가
다른 물체를 감고
올라가며 자란다.

꽃
7~9월.
연한 자주색 꽃이
잎겨드랑이에서
모여 핀다.
콩과.
한해살이풀.

❸

❶

❷

동네 산책길, 돌콩이 작은 나무를 뒤덮고 있다.

줄기는 가늘고 다른 물체를 감으며 서로 엉켜 정신없다.

연보랏빛 작은 꽃이 한창이다.

꽃은 식물 크기에 비해 아주 작고 귀엽다.

꽃 진 자리에 꼬투리가 달리고 꼬투리 전체에 털이 있다.

우리가 먹고 있는 콩의 원조이다. 잎, 열매, 꽃이 콩과 닮았다.

옛날에는 가을에 익은 돌콩 열매를 모아 콩밥을 지어 먹었다고 한다.

❶ 줄기

서로 감으며 엉켜서 자란다.
자잘한 털이 밀생한다.

❷ 잎

작은잎 세 개 달린 겹잎이고 어긋난다.
잎자루가 길며, 가장자리는 밋밋하다.

❸ 꽃

길이 6mm 정도인 나비 모양 꽃이다.
꽃받침은 종 모양이고 5갈래이다.
콩과 식물은 꽃잎이 나비 모양이다.
위쪽의 꽃잎과 아래쪽 꽃잎 모양이 서로 다르다.

꽃받침

◀ 열매

꼬투리는 길이 2~3cm로 거센털이 있으며
콩이 2~4알 들어 있다.
콩알은 약간 납작한 타원형이다. 검게 익는다.

새팥

길이
─────────
80~150cm.
가느다란 줄기가
다른 물체를 감으며
자란다.

꽃
─────────
8월.
연노란 꽃이
잎겨드랑이에서 난다.
콩과.
한해살이풀.

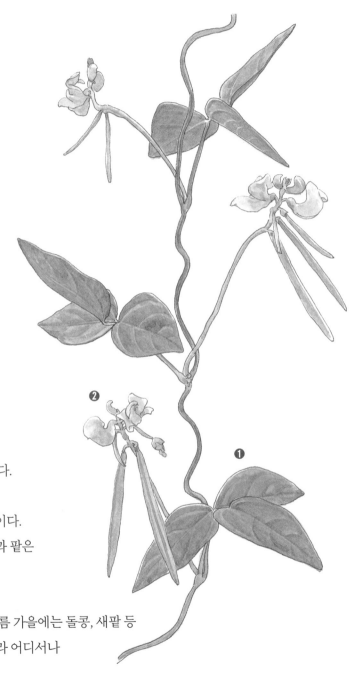

돌콩처럼 새팥도
풀밭에서 볼 수 있다.
돌콩은 콩의 원조,
새팥은 팥의 원조이다.
밭에서 기르는 콩과 팥은
개량한 품종이다.
콩의 원산지답게
봄에는 살갈퀴, 여름 가을에는 돌콩, 새팥 등
야생 콩을 우리나라 어디서나
볼 수 있다.

❶ 잎

어긋나고 잎자루가 길다.

❷ 꽃

긴 꽃줄기 끝에서 여러 송이가 꽃봉오리를 맺고
2~3송이씩 아래쪽부터 핀다.

꽃 한 송이

꽃 모양이 달팽이처럼 생겨 독특하다.
정면에서 보면 꽃잎이 휘어져
비틀린 모양이다.

꽃 진 자리에
꼬투리가 길게 달린다.

◀ 열매

꼬투리는 4~5cm로 길다.
익으면 쪼개지며 콩알이 퍼진다.
콩알은 짧은 원통 모양이며, 검게 익는다.

박주가리

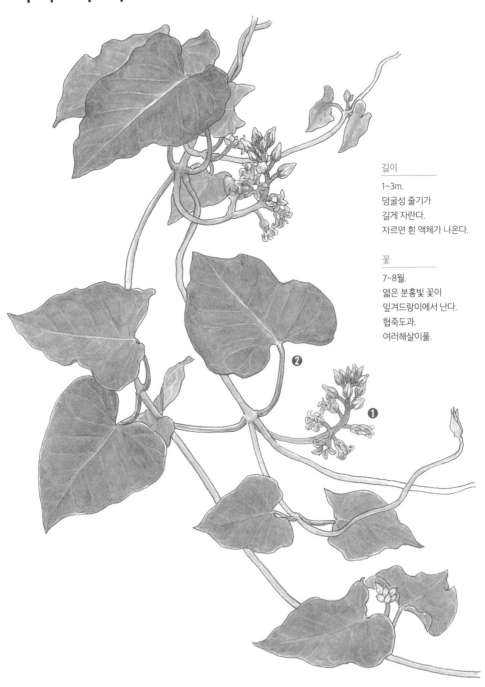

길이

1~3m.
덩굴성 줄기가
길게 자란다.
자르면 흰 액체가 나온다.

꽃

7~8월.
엷은 분홍빛 꽃이
잎겨드랑이에서 난다.
협죽도과.
여러해살이풀.

한여름 박주가리 꽃의 달콤하고 진한 향기에 놀랐다.

가까이에서 관찰하다 보면 풀꽃의 향기가 전해 온다.

가을에 박주가리 열매 하나를 따다 집에 걸어 두었다.

겨울이 되자 열매가 터져서 씨앗이 하나 두 개씩 빠져나왔다.

동네 화단 향나무에도 박주가리 열매가 대롱대롱 매달려 있다.

바싹 마른 열매 갈라진 틈으로 씨앗이 터져 나오기 직전이다.

아직 추워서 그런지 씨앗이 밖으로 나오고 싶지 않은가 보다.

박주가리 씨앗은 천천히 하나씩 빠져나와 바람에 날린다.

가벼운 실이 달린 씨앗이 천천히 움직인다.

향나무를 떠나서 어느 땅으로 날아갈까?

❶ 꽃

5갈래로 갈라져 꽃잎이 뒤로 젖혀진다.
별 모양이다.
흰 털이 보송보송 나 있다.

❷ 잎

심장꼴 잎이 마주난다.
잎맥이 뚜렷하고 뒷면은 흰색이 돈다.

풋열매

▶ 열매

둥그런 풋열매는 자라며 점점 길어지고
끝이 뾰족한 모양이 된다.
겉에 자잘한 돌기가 있다.
씨앗에 가벼운 실이 많이 달려 있어
바람에 두둥실 잘 날린다.

봉선화

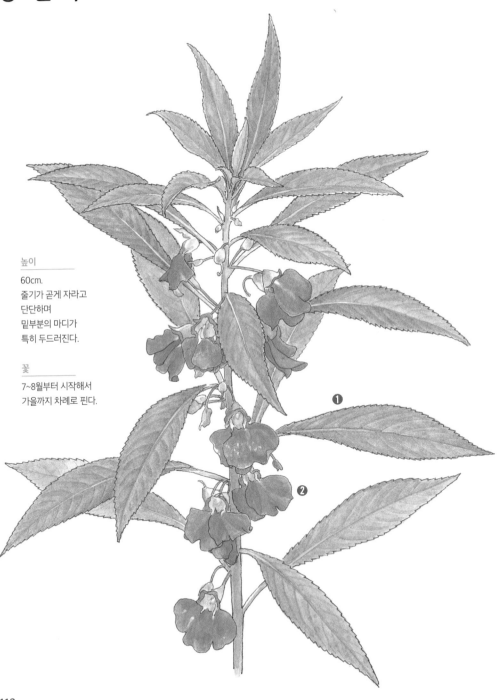

높이
────────
60cm.
줄기가 곧게 자라고
단단하며
밑부분의 마디가
특히 두드러진다.

꽃
────────
7~8월부터 시작해서
가을까지 차례로 핀다.

길가에서 만나는 봉숭아는 언제나 반갑다. 봉선화가 권장하는 이름이다.
어릴 적 부르던 이름이 친숙하다.
어릴 적 여름방학 저녁을 먹고 언니들이랑 마당에 핀 꽃을 따다 짓찧어
손톱 위에 올려놓고 비닐로 싸매고 잠을 잤다.
아침에 일어나 풀면 손가락이 주홍빛으로 물들었다.
살에 들었던 벌건 색은 가을이 지날 때쯤 엷어지고 손톱은 자라
붉은 반달처럼 남는다. 그러다 아이가 크고 나서는
딸아이와 봉숭아로 손톱물을 들이며 여름을 났다.

❶ 잎

길쭉한 창 모양이고, 가장자리에 톱니가 있다.
짧은 잎자루가 있으며, 어긋난다.
잎도 꽃도 촘촘하게 달린다.

꽃받침

❷ 꽃

잎겨드랑이에 한 송이가 나기도 하고
두세 송이가 모여나기도 한다.
꽃자루가 가늘고 부드러워 꽃송이가 밑으로 처진다.
꽃잎은 석 장이다.

익숙한 꽃이지만 그리려고 보면 복잡해 보인다.
좌우로 넓은 꽃잎이 퍼져 있는데 꽃잎이 보드라워서 규칙을 찾기 어렵다.
꽃 하나를 오래 들여다보고 꽃잎을 떼어서 봐도 좋다.
꽃받침에는 밑으로 굽은 꿀주머니가 있다.

붉은빛, 흰빛, 보랏빛 등 여러 가지 색의 봉숭아가 있다.
넓은 꽃잎이 보드랍고 아래로 처져 있는 데다가 잎겨드랑이에서
여러 송이가 나기 때문에 보는 각도에 따라 다른 모습이다.
줄기에 달린 꽃의 규칙, 꽃잎의 모양을 잘 알고 그려야
봉숭아다운 꽃을 그릴 수 있다.

▶ **열매**

타원형이고 모가 져 있다.
다 익으면 터지면서
누런 밤색의 씨앗이 튀어나온다.

씨앗

꽃 한 송이

씨앗

◀ 맨드라미

봉선화와 맨드라미는 식물을 가지고 놀던 시절을 생각나게 한다.

학교 화단이나 집집마다 닭 볏을 닮은 맨드라미가 있었다.

꽃 모양이 특이해서 그다지 좋아하지 않았다.

어릴 적엔 좀 징그럽다는 생각도 했다.

가을에 꽃대를 잡고 부비면 검은 깨같이 생긴 검은 씨앗이

바닥으로 엄청 쏟아진다. 어릴 때 놀이였다.

작은 꽃이 다닥다닥 모여서 전혀 다른 모양의 꽃으로 보인다.

꽃 하나를 자세히 보면 귀엽고 예쁘다.

비름과의 한해살이풀로 꽃은 여름부터 가을까지 핀다.

쑥

높이
60~120cm.
땅속줄기 마디에서
싹이 나오고,
뿌리를 깊이 내린다.

꽃
7~9월.
자잘한 꽃이
빼곡히 핀다.
국화과.
여러해살이풀.

❶

❷

쑥이 나오는 봄에는
어김없이 쑥을 사서
된장국과 지짐을 해 먹는다.
쌉싸름한 맛이 입맛 없는 봄에 참 좋다.
어린 쑥을 먹어서 그런지 사람들은
어린싹만 기억하는 거 같다.
쑥도 꽃도 피고 열매도 맺는다.
가을에 만나는 쑥은 키도 꽤 크다.
다른 식물들처럼
붉게 물들어 가는 모습이 곱다.

❶ 꽃

꽃자루가 없이 가지 끝에 빼곡히 모여 달린다.
붉은빛 도는 밤색이다.
거미줄 같은 털로 덮이기도 한다.

❷ 잎

줄기잎은 어긋나고
잎자루 아래쪽에 작은 헛턱잎이 있다.
잎몸은 깊게 갈라진다.
줄기 위쪽으로 갈수록 크기가 작고
덜 갈라진다.

◀ 나물로 먹는 어린 쑥

어린잎을 봄에 나물로 먹는다.
뿌리잎은 뭉쳐나고 흰 털이 밀생해서
뽀얗게 보인다.

오래전 큰아이가 그림책에 나온 쑥개떡을 보더니 맛이 궁금하다고 했다.
떡집에서 사 와 맛있게 먹었던 기억이 있다.
옛이야기에도 나오고 몸에 좋다고 하여 사랑 받아 온 쑥.
쑥 향은 여름밤 모기도 쫓아 준다.
볕이 잘 드는 빈터나 길가에 흔한 쑥은 우리 동네에도 지천이다.
하지만 도심 속 쑥은 오염 우려가 있어서 뜯어 가는 사람이 별로 없다.
할머니들이 가끔 쑥을 뜯는 모습을 볼 수 있다.

쑥부쟁이

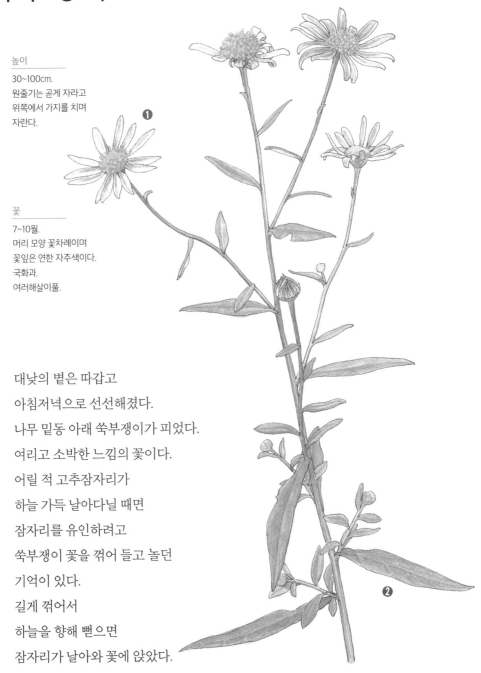

높이
30~100cm.
원줄기는 곧게 자라고
위쪽에서 가지를 치며
자란다.

❶

꽃
7~10월.
머리 모양 꽃차례이며
꽃잎은 연한 자주색이다.
국화과.
여러해살이풀.

대낮의 볕은 따갑고
아침저녁으로 선선해졌다.
나무 밑동 아래 쑥부쟁이가 피었다.
여리고 소박한 느낌의 꽃이다.
어릴 적 고추잠자리가
하늘 가득 날아다닐 때면
잠자리를 유인하려고
쑥부쟁이 꽃을 꺾어 들고 놀던
기억이 있다.
길게 꺾어서
하늘을 향해 뻗으면
잠자리가 날아와 꽃에 앉았다.

❷

❶ 꽃

자잘한 노란 꽃이 머리 모양으로 둥글게 모여 핀다.
그 둘레에 설상화 꽃잎이 길다.
꽃 전체 지름은 2.5~3cm이다.

❷ 잎

어긋나고 긴 타원형이다.
위로 갈수록 크기가 작다.

▼ 벌개미취

쑥부쟁이보다 꽃이 크고,
잎은 덜 갈라진다.

가을 나무들은
빨간 열매 까만 열매를 맺고
저마다 갈무리할 채비가 한창이다.
추운 겨울에 대비하느라
잎도 울긋불긋 단풍 들이기 바쁘다.
낮의 길이가 짧아지고 아침저녁은 차가워진 이때
국화꽃이 한창이다.
쑥부쟁이만이 아니다.
벌개미취, 산국, 감국, 구절초, 미국쑥부쟁이 꽃을
동네에서 다 볼 수 있다.

잎

미국쑥부쟁이

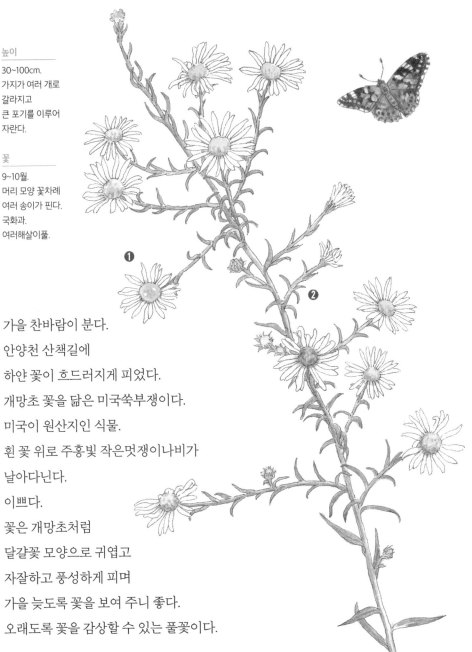

높이

30~100cm.
가지가 여러 개로
갈라지고
큰 포기를 이루어
자란다.

꽃

9~10월.
머리 모양 꽃차례
여러 송이가 핀다.
국화과.
여러해살이풀.

❶

❷

가을 찬바람이 분다.
안양천 산책길에
하얀 꽃이 흐드러지게 피었다.
개망초 꽃을 닮은 미국쑥부쟁이다.
미국이 원산지인 식물.
흰 꽃 위로 주홍빛 작은멋쟁이나비가
날아다닌다.
이쁘다.
꽃은 개망초처럼
달걀꽃 모양으로 귀엽고
자잘하고 풍성하게 피며
가을 늦도록 꽃을 보여 주니 좋다.
오래도록 꽃을 감상할 수 있는 풀꽃이다.

❶ 꽃

머리 모양 꽃차례는 작고 꽃잎은 흰색이고 가늘다.
흰 꽃잎이 15~25개 정도다.
꽃 전체 지름은 10~17mm.
꽃받침은 가늘고 잘게 많이 갈라져 있다.
뒷면을 보면 개망초와 다르다.

꽃받침

❷ 잎

위로 올라갈수록 잎 크기가 작아지고 가늘어진다.
작은 가지의 잎은 가늘면서 단단하고 많이 난다.

줄기잎

뿌리잎

구절초

높이

30~100cm.
곧게 자라고
가지가 성글게
갈라진다.

꽃

8~10월.
지름 4~8cm쯤으로
큰 편이며 꽃잎이 길다.
국화과.
여러해살이풀.

머리 모양 꽃차례는 노랗고,
꽃잎은 흰색이거나
연한 분홍색이다.
가을 하늘과 어우러져
꽃 모양이며 색깔이 우아하다.
좋아하는 꽃이다.
잎은 쑥을 닮았다.
꽃과 잎에서 강한 국화 향이 난다.
가까이에서 관찰하다가
잎도 만져 보고 향기도 맡게 된다.
가을이 깊어질수록
줄기 아랫부분은 목질화되어
단단해진다.

잎

122

산국

높이

100~150cm.
곧게 자라고
위쪽에서 가지가
갈라진다.

꽃

9~11월.
지름 1.5cm쯤이고
꽃잎이 짧다.
국화과.
여러해살이풀.

찬바람에 나뭇잎이
떠돌아다닌다.
길 한 켠에 작은 국화꽃이
추위에 떨고 있는 듯하다.
11월 중순 쌀쌀한 날씨.
서리가 내리는 겨울 초입에 꽃을 피우는 산국.
생기발랄한 봄꽃의 노란색과는 다른
차분하게 무르익은 짙은 노란빛 가을꽃이다.

안경자 작가님과 3년째 '산책 드로잉'을 하고 있습니다.
산책길에 만난 풀꽃을 관찰하고
직접 그려 보는 시간입니다.
자주 산책한 길은 서점에서 가장 가까운 앞산이었습니다.
발아래를 굽어보며 작은 풀밭 속에 피어 있는 꽃을 발견하고
떨어진 잎사귀도 들어서 보며 관찰합니다.
그리곤 서점에 돌아와 각자 마음에 들어온 식물을
이야기하고 그림을 그립니다.

참가자들은 처음에는 새하얀 스케치북을
앞에 두고 어쩔 줄을 몰라 했어요.
그런데 이젠 자기만의 해석과 느낌을 거침없이 표현합니다.
풀꽃이 지닌 작은 솜털 하나도 가벼이 여기지 않고,
식물이 자라 온 시간과 자라날 방향까지
그림에 담도록 가르쳐 주신 작가님 덕분입니다.

식물을 식물답게 그리는 법을
알차게 담은 이 책을 읽고 있자니,
그림 수업 때 어깨 너머 들려오던 작가님의
조곤조곤한 목소리가 겹쳐집니다.
작가님은 '그림을 보면 사람이 보인다.'는 말을 종종 하셨어요.
대범한 사람인지 소심한 사람인지,
꼼꼼한 사람인지 산만한 사람인지
작가님은 그림 한 장으로 단박에 알아봅니다.
점쟁이가 따로 없습니다.

작가님의 그림을 보아도 작가님이 보입니다.
한없이 맑고 온기 가득한 그림이
작가님을 꼭 닮았습니다.
기술로 그리는 그림이 아니라
마음으로 그리는 그림이라 그럴 테지요.
작고 흔한 풀꽃 하나도 어여삐 여기는 마음이요.

'길섶에 낮게 핀 꽃 한 송이에
감탄하고 환호하는 그대라면
누구라도 풀꽃 화가가 될 수 있다.'고
작가님은 이 책을 통해 이야기하는 듯합니다.

_ 김혜정 (숲해설가, 동네책방 꽃피는책 운영자)

*이 책에 나오는 81종 식물 이름의 가나다 순서입니다.

풀꽃이 예뻐서 풀꽃을 그립니다

첫 번째 찍은 날 2022년 5월 19일

글·그림 안경자

펴낸이 이명회 | 펴낸곳 도서출판 이후 | 편집 김은주 | 기획 노정임 | 디자인 토가 김선태

등록 1998. 2. 18.(제13-828호) | 주소 10449 경기도 고양시 일산동구 호수로 358-25(동문타워 2차) 1004호
전화 (영업) 031-908-5588 (편집) 031-908-1357 | 팩스 02-6020-9500
이메일 smallnuri@gmail.com | 블로그 blog.naver.com/dolphinbook | 페이스북 facebook.com/smilingdolphinbook

ISBN 978-89-97715-81-7 06480

꽃의 걸음걸이로, 어린이와 함께 자라는 웃는돌고래
웃는돌고래는 <도서출판 이후>의 어린이책 전문 브랜드입니다.
어린이의 마음을 살찌우고, 생각의 힘을 키우는 책들을 펴냅니다.